虫歯から地球温暖化、新型コロナ感染拡大まで

それ全部「pH」のせい

齋藤勝裕

青春新書
INTELLIGENCE

はじめに

読者のみなさんはpHという言葉を覚えていらっしゃるでしょうか？　どこかで聞いたことはあるが、何のことだか忘れてしまったという方も多いかもしれませんね。普段はpHのことなど全く考えることのない生活を送っているという方が大半でしょう。

しかし、小学校の理科の授業を振り返ってみると、リトマス試験紙の色が変化する実験をしたことがあるのではないでしょうか。その時に習ったのが、このpHです。以前はドイツ語の「ペーハー」と読むと習いましたが、現在では、国際単位系に合わせて英語の「ピーエイチ」と読むようになり、教科書にもそのように記載されるようになりました。

実はこのpH、私たちの健康や食品など身近なところから地球規模の環境問題に至るまで、あらゆるものに大きな影響を与えていることをご存じでしょうか。

私たちは多くの物質に囲まれて生活していますが、すべての物質は酸、アルカリ、中性物質に分けることができます。酸が示す性質を酸性、アルカリが示す性質をアルカリ性、中性物質が示す性質を中性と呼びます。そして、酸性、アルカリ性には強弱があり、強いものから弱いものまでいろいろありますが、pHはこの酸性、アルカリ性の強さを表す指標なのです。小学校の理科の実験では、さまざまな溶液につけたリトマス試験紙の色が酸性では赤に、アルカリ性では青にというように変化するのを確かめたと思います。

pHの値には0から14まであり、7が中性です。7より小さければ小さいほど酸性が強く、7より大きければ大きいほどアルカリ性が強くなります。

たとえば、レモンのpHは2・0〜3・0、ビールは4・0〜4・4、牛乳は6・5なので、レモンやビールは酸性で、牛乳は中性寄りであることがわかります。このpHが小さくなったり大きくなったりすると、味が変わったり、色が変化したり、さらには別の物質に変化してしまうことさえあります。たとえば牛乳。pHがある値よりも小さくなると、牛乳に含まれるタンパク質の主成分が固まり、ヨーグルトになります。

他にも、たとえば人間の腸内は弱酸性に保たれていますが、腸内のpHが変化することで、風邪をひきやすくなったり、新型コロナウイルスにも感染しやすくなったりします。また、私たちが食事をする時、口の中のpHは低下しやすく（酸性になる）、ある値を下回ると虫歯になりやすい状態になります。髪もpHの影響を受けやすく、ヘアカラーはpHによる髪の性質の変化を巧みに利用しています。

野菜や花木を育てる際には土壌のpHが重要な要素となり、作物の種類によって最適なpHの値があります。近年問題になっている酸性雨は土壌のpHを下げてしまうため、作物が育ちにくくなることもあります。また、酸性雨は湖や海のpH低下にも関係しており、海の酸性化は地球の温暖化にも影響を及ぼします。

このように、私たちの生活に関わる、ありとあらゆるものにpHが関与しているのです。まさに、「それ全部pHのせい」なのです。

本書は、私たちの生活や健康のことなど、身近なモノやコトを中心にpHとの関係をわかりやすく解説したものです。この本を機に、pHという観点から物事を眺めてみることで、毎日の暮らしや世の中をより快適にするきっかけを見つけていただけたなら、たいへんうれしいことと存じます。

2023年7月　齋藤勝裕

それ全部「pH」のせい　目次

第1章 あれもこれも色が変わるのは「pH」のせい

第2章 味の違いが生まれるのも「pH」のせい

第3章 美味しいお酒ができるのも「pH」のたまもの

飲み物とは特に深い関わり

第4章 ファッションを楽しめるのも「pH」のおかげ

ヘアカラーでも重要な役割！

第5章 汚れが落ちるのも「pH」のおかげ

「混ぜるな危険！」に要注意！

第6章 病気になるのも「pH」のせい

第7章 〝土がやせる〟のも「pH」のしわざ

第8章 地球環境がよくなるかどうかも「pH」しだい

地球温暖化やパンデミックも

図表作成・ＤＴＰ／エヌケイクルー

第1章

リトマス試験紙だけじゃない!

あれもこれも色が変わるのは「pH」のせい

色が消えたり、変化したりする不思議

「マロウブルー」というハーブティーをご存じでしょうか。お湯を注いだ直後は鮮やかなコバルトブルーになるのですが、時間が経つと徐々に紫色に変化し、さらにそこにレモンを加えるとピンクになるという魔法のようなハーブティーです。飲んで味わうだけでなく、色の変化も見て楽しめると人気があります。これほどはっきりとした色の変化ではありませんが、レモンを入れることで紅茶の色が薄くなった経験をしたことがある人もいることでしょう。

こうした色の変化は、他にも身近なところで数多く見られます。たとえば文具。代表例といえるのが、色が変わるスティック糊《のり》です。通常のスティック糊は白色で、紙に塗ると無色透明になってどこに塗ったのかがわかりにくくなりました。そのため、必要なところを塗り忘れたり、不必要なところにはみ出して塗ってしまったりという失敗が起きました。

ところがこの「色付きスティック糊」は、糊に青などの色が付いています。白い紙に塗れば、塗った部分に青い糊の色が付き、必要な部分だけキッチリと糊付けすることができ

ます。

しかし、そのまま乾いたのでは、貼った紙の周囲に糊の色が残り、なにやら見苦しくなりそうです。ところが、この糊は塗るときには色が付いていますが、塗ってしばらく経つと色が消えて無色透明になります。もちろん、乾いても無色。つまり、塗ってしまえば普通の糊となんら変わりません。

決め手は水素イオンの濃度

なぜこんなことができるのでしょう？

これにはpHが深く関わっています。

ここで簡単にpHの説明をさせてください。pHは「potential of Hydrogen」の略で、水素イオン（H^+）の濃度を表しています。このH^+の濃度により、対象となる物質が「酸性」か「アルカリ性」か、あるいは「中性」かが決まるのです。

具体的にはpH＝7で中性、7より小さいと酸性、7より大きいとアルカリ性となります（pHは25℃において0〜14の値をとります。図表1－1、19ページ参照）。pHの値は、何らかの化学反応や温度変化が起こることでも変化します。

水を例にして、もう少し詳しく説明しましょう。やや難しい話になりますが、少しだけお付き合いください。

水はH_2Oという分子式で表されます。これは水素原子（H）2個と酸素原子（O）1個が結合したものです。水はとても安定した物質ですが、実は一部は常に電離（分解）しており、H^+とOH^-（水酸化物イオン）という2つのイオンに分かれています（下の電離式参照）。

純粋な水の場合、水分子のうち電離してH^+が発生するのは1千万個に1個の割合、つまり1／1千万＝1／10000000＝1／10^7です。pHは、この分母10^7の指数7をとるため、pH＝7となり、中性であることがわかります。

「酸」「アルカリ」とは何か？

【水が電離する際の電離式】

$H_2O \rightarrow H^+ + OH^-$

【水分子が電離する割合（1千万個に1個の割合）】

1／1千万＝1/10,000,000＝1/10^7

（図表1-1）pHとH^+の関係

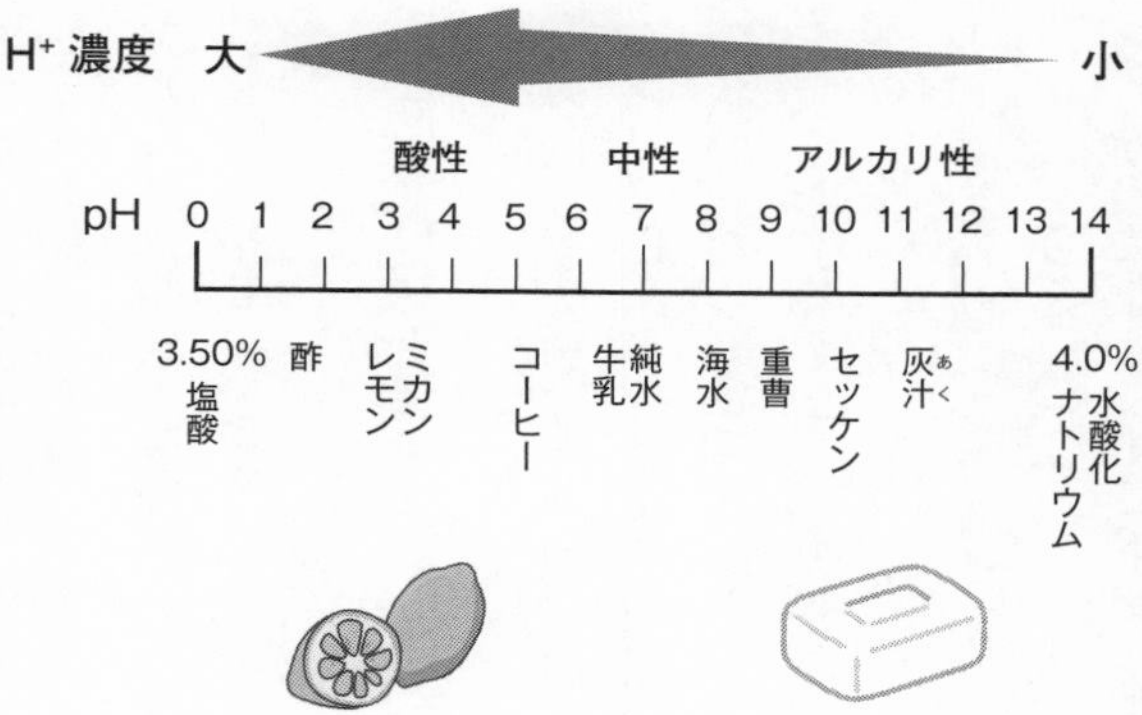

では、水よりたくさん電離する溶液ではどうでしょう。仮に、H^+の濃度が100個に1個の割合になれば、1／100＝1／10^2なので、pH＝2となり、強い酸性となります。

このように、H^+の濃度が高くなるほどpHの値は小さくなり、酸性度が強くなります。なお、中性はH^+の濃度と、OH^-の濃度がおおむね等しい状態です。

水をはじめ、H^+やOH^-を発生するものは多数あり、電離してH^+を発生する物質を「酸」、OH^-を発生する物質を「塩基」あるいは「アルカリ」と呼びます。

酸が溶けた水ではH^+が多くなり、このような状態を「酸性」といいます。反対にアルカリが溶けた水ではOH^-が多くなり、このような状態を「アルカリ性」といいます。

酸やアルカリは物質の「種類」でしたが、酸性やアルカリ性は溶液の「性質」を指しています。

二酸化炭素が色を消す！

先ほどの色付きスティック糊には、リトマス試験紙のようにH^+の濃度変化で変色する特殊な薬品が配合されており、使用前はアルカリ性の状態のため青色です。ところが、使用すると空気中の二酸化炭素と反応し、糊のH^+の濃度が高まるのです。これによりアルカリ性から中性へと傾くため、青色から無色へと変化したのです。

また少し難しい話になりますが、空気中の二酸化炭素は、窒素や酸素に比べると微量ですが、水に溶けやすく、溶けると炭酸：H_2CO_3という酸になります（下記化学反応式参照）。

【二酸化炭素と水から炭酸が発生する際の化学反応式】

$CO_2+H_2O \rightarrow H_2CO_3$

【炭酸が電離する際の電離式（2段階）】

$H_2CO_3 \rightarrow H^+ + HCO_3^-$

$HCO_3^- \rightarrow H^+ + CO_3^{2-}$

生じた炭酸の一部は、さらに右下の電離式のようにH^+と炭酸水素イオン：HCO_3^-、炭酸イオン：CO_3^{2-}の2段階で電離するため、H^+の濃度が上昇し、pHの値が下がります。

近年、酸性の雨である「酸性雨」の被害が問題になっています。これは雨に二酸化炭素が吸収され、前述の反応が起きることで炭酸が発生し、雨が酸性になるためです。炭酸飲料と同じです。炭酸飲料は、甘味料や香料の混じった水に二酸化炭素を高圧で注入しています。注入された二酸化炭素は同様の化学反応を起こして炭酸という酸になります。この炭酸の酸味が炭酸飲料の味になっているのです。

こんなものでも色付きスティック糊を無色にできる

話を色付きスティック糊に戻しましょう。もし、紙に塗った色付きスティック糊にすぐさまレモン汁を吹き付けてみると、色はサッと消えて無色になります。食酢をティッシュに一滴落として、それで拭いても色は消えます。

ぜひ試してもらいたいのは、水道水をかけて色付きスティック糊の色が消えないのを確かめたうえで、水道水にドライアイスをひとかけら入れ、十分に泡が出てから、その水をかけて色付きスティック糊の色が消えるかどうかを確かめることです。ドライアイスは二酸化炭素の固まり（結晶）ですから、その水は炭酸水であり、酸性なので速やかに糊の色が消えます（ドライアイスを直接手で触ったり、皮膚に接触したりすると、凍傷の危険があるため注意をしてください）。

このような実験をいろいろやってみると、身の回りにある物が酸性かどうかが簡単にわかります。市販のリトマス試験紙に比べると、色付きスティック糊は１００円ショップでも購入できるため、実験がしやすいかもしれません。

なお、色の変化ではありませんが、接着力がpHで変化する接着剤を使ったラベルも開発されています。これはしっかり貼付けができる粘着性がありながら、アルカリ溶液に浸けるときれいに剝《は》がれるラベルです。

このラベルをアルカリ溶液に約10分浸漬《しんし》すると糊の親水性が高まり、瓶などの容器と糊の接着面に水が入りやすくなり、容器からきれいに剝がすことができます。

リサイクル可能なガラス瓶を回収して洗浄する場合に、容器に貼っているラベルがきれいに剥離《はくり》できず、リサイクルされるはずのガラス瓶が有効活用されないという問題がありました。このラベルはそうした課題解決に役立つものです。

弱酸と強酸は何が違う？

図表1－1（19ページ）では、参考までに身の回りの物がどのようなpHなのかも一部示しておきました。酸性の物質はレモンや酢などいろいろありますが、アルカリ性の物質は限られます。セッケンというのは昔ながらの脂肪酸と水酸化ナトリウムから作った固形セッケンのことであり、一般に家庭で洗濯に使う中性洗剤は中性であってアルカリ性ではありません。

植物を燃やすと、中に含まれるカリウム：Kなどの金属が酸化物などとなって、灰として残ります。これを水に溶かすと強アルカリの水酸化カリウム：KOHとなるので、灰の水溶液、灰汁《あく》はアルカリ性なのです。

先ほどの図に示したように、酸やアルカリには強いもの（強酸、強アルカリ）と弱いもの（弱酸、弱アルカリ）があります。強いものはそれぞれ電離してH^+やOH^-をたくさん出すものであり、弱いものは少ししか出さないものです。一般的に、酸性やアルカリ性の強さとpHは図表1－2のような関係になっています。

食べ物もpHで色が変わる

pHによって色が変化するのは、リトマス試験紙や色付きスティック糊の他にもたくさんあります。たとえば、紫キャベツもpHによって色が変わる色素を持った植物です。紫キャベツを千切りにして水で煮て、沸騰させるとお湯の色が赤紫色になります。この汁はpHによって色が変化します。

この赤紫色の汁に重曹（炭酸水素ナトリウム：$NaHCO_3$）を加えた水（pH8・0～9・0）を入れると、色は青緑に変化します。次に食酢を加えて酸性にすると、今度は色がピンクに変わります。

これは紫キャベツに含まれる「アントシアニン」という色素が、リトマス試験紙と同じ役割を果たし、アルカリ性では青緑、中性では赤紫、酸性ではピンクに変色しているのです。

（図表 1-2）酸性・アルカリ性の強さとpHの関係

酸性	pH ＜ 3.0
弱酸性	3.0 ≦ pH ＜ 6.0
中性	6.0 ≦ pH ≦ 8.0
弱アルカリ性	8.0 ＜ pH ≦ 11.0
アルカリ性	11.0 ＜ pH

紫キャベツのように、アントシアニンが含まれている食材は他にもたくさんあります。ブルーベリー、紫イモ、赤シソ、ナス、イチゴなど鮮やかな色を持っている食材です。これらもpHによって色が変化します。

たとえば、梅干しを赤シソと一緒に漬けると赤くなるのは、赤シソに含まれるアントシアニンが梅の実の酸によって赤くなるからです。また、赤シソジュースが美しいピンク色をしているのもジュース内にレモン汁、クエン酸など酸性のものが入っているために、強い酸性になっているからです。

反対に、ホットケーキや蒸しケーキにブルーベリーを入れると、色がくすんでしまうことがあります。これは、ケーキに含まれるベーキングパウダーに原因があります。ベーキングパウダーには先ほど出てきた重曹が含まれており、これはアルカリ性です。そのため、アントシアニンの色素が緑色や灰色に変色してしまうのです。

カリフラワーやゴボウを酢水に浸けたり酢を入れて煮たりすると、白さが際立ち、見た目にも美しく美味しそうな仕上がりになります。カリフラワーやゴボウには、アントシアニンとは異なるフラボノイド系やクロロゲン酸といった色素が含まれ、フラボノイド系の色素は酸性で無色に、アルカリ性で黄褐色になり、クロロゲン酸は酸素などと反応することで酸化し、茶色や黒色に変色します。酢につけて酸性にすることでフラボノイド系の色素を無色に保ったり、クロロゲン酸の酸化を抑制したりすることで、変色を防げます。

紅茶の色が変化するのはなぜ？

飲料ではどうでしょうか。身近な物では紅茶がその例の1つです。たとえば、紅茶にレモンを入れたら色が薄くなり、反対にハチミツを入れると紅茶の色は濃く黒っぽくなります。こうした色の変化にもpHが関係しています。

レモンにはビタミンCが含まれています。ビタミンCは化学的には「アスコルビン酸」という名前の酸であり、漂白作用があることで知られています。したがって紅茶にレモンを入れたらアスコルビン酸自体の作用で色が薄くなるのですが、それだけではありません。

紅茶には「テアフラビン」や「テアルビジン」という赤い色素成分が含まれており、これが酸性では色が薄く、アルカリ性では色が濃くなるという性質を持っています。つまり、紅茶にレモンを入れると、アスコルビン酸によってpHが酸性に傾くことでも、紅茶の色は薄くなっているのです。

反対に紅茶に三温糖や黒糖などの精製度の低い糖を入れると色が濃くなります。こうした不純物を含む糖にはミネラルが多く含まれており、これらの酸化物はアルカリ性のため、紅茶の色が黒く、濃くなるのです。

紅茶に甘味を加えたいときに、グラニュー糖のように精製された糖を入れるのは、紅茶本来の色を楽しむためでもあります。

冒頭にご紹介したマロウブルーというハーブティーは、マロウ（別名ウスベニアオイ）という青紫色の花を乾燥して作ります。その花に熱湯を注ぐと、美しいコバルトブルーになりますが、時間が経つと紫色に変化し、さらにレモンを搾ると一瞬にしてピンク色に変化すると述べました。マロウには先ほど出てきたアントシアニンが含まれており、空気中の酸素やレモンの酸と反応することで色が変化するのです。

アジサイの花の色と土の深い関係

この他、身近な自然の中にもpHによって色が変化するものがあります。有名なのが、アジサイの花の色。アジサイの色のベースとなっているのもアントシアニンです。

しかしアジサイの場合には、アントシアニンに「補色酵素」として土の中に含まれる「アルミニウム」(Al)が働いて色が作られるのです。

つまり、土の中のアルミニウムがアジサイの根に吸収され、アントシアニンと結合するかどうかで、花の色が決まります。アルカリ性の土壌ではアルミニウムが水に溶けにくく、アジサイの根から吸収されにくいのですが、酸性ではアルミニウムが溶けやすいため、根から吸収されやすいのです。

このため、アジサイの花の色は土壌のpHによって変化します。酸性では青色、中性では紫色、アルカリ性では赤色になるのです。

日本は酸性の土壌が多く、青や紫のアジサイがよく見られます。このアジサイを赤色にするためには、土壌をアルカリ性にすればよいことになります。

なお、土の中に含まれるアルミニウムを根から吸収するには、水分量も重要になります。土壌の水分量が少ないと、アルミニウムをうまく吸収できず、酸性土壌でもきれいな青色にならないことがあります。

一方、「アナベル」などのような白いアジサイもあります。これらはアントシアニンを持たないため、土壌のpHによらず、常に白い花を咲かせます。

コラム リトマス試験紙は何でできている?

現在のリトマス試験紙は人工的に合成されるものが多くありますが、天然のリトマス試験紙はリトマスゴケやウメノキゴケ(写真、30ページ)という名称の種々の地衣類から作られています。地衣類とは菌類の仲間で、光合成を行う藻類(コケ植物、シダ植物、種子植物を除く)を共生させることで自活できるようになる生物です。

この地衣類から紫色の樹液を抽出し、アルコールに溶かします。これにアルカリ性のアンモニア:NH_3、または酸性の塩酸:HClを加えるとそれぞれ青色と赤色に変色します。これをろ紙の小片に浸して乾燥させ、切り分けた物がリトマス試験紙です。

(写真) ウメノキゴケ

青色のリトマス試験紙を、pH4・5を下回るような酸性の溶液に浸けると赤くなり、反対に赤色のリトマス試験紙を、pH8・3を上回るようなアルカリ性の溶液に浸けると青く変化します。

青色の試験紙が赤くなれば酸性、赤色の試験紙が青くなればアルカリ性、どちらにも変化しない場合は中性に近い、というように溶液の液性を簡単に知ることができます。

第2章

酸っぱいレモンは実はアルカリ性！

味の違いが生まれるのも「pH」のせい

酸っぱい食品がアルカリ性のワケ

食品には梅干しやレモンのように酸っぱくて、まるで酸の固まりではないのかと思うような食品もあれば、ご飯や野菜、肉のように酸っぱくも辛くもない食品もあります。これらは酸性食品とアルカリ性食品に分けられます。

梅干しやレモンはあれだけ酸っぱいのだから、当然酸性食品だろうと思うと、なんとアルカリ性食品だといいます。それでは酸性食品とは、梅干しやレモンより酸っぱい食品なのでしょうか。実際には、少しも酸っぱくないご飯や肉、魚がなんと酸性食品だといいます（図表2－1参照）。

一体これはどういうことなのでしょう？

食べる前の性質は関係ない！

これは「酸性食品」「アルカリ性食品」の定義が、私たちが考えるものとは異なるから

（図表 2-1）アルカリ性食品（上）と酸性食品（下）の一覧

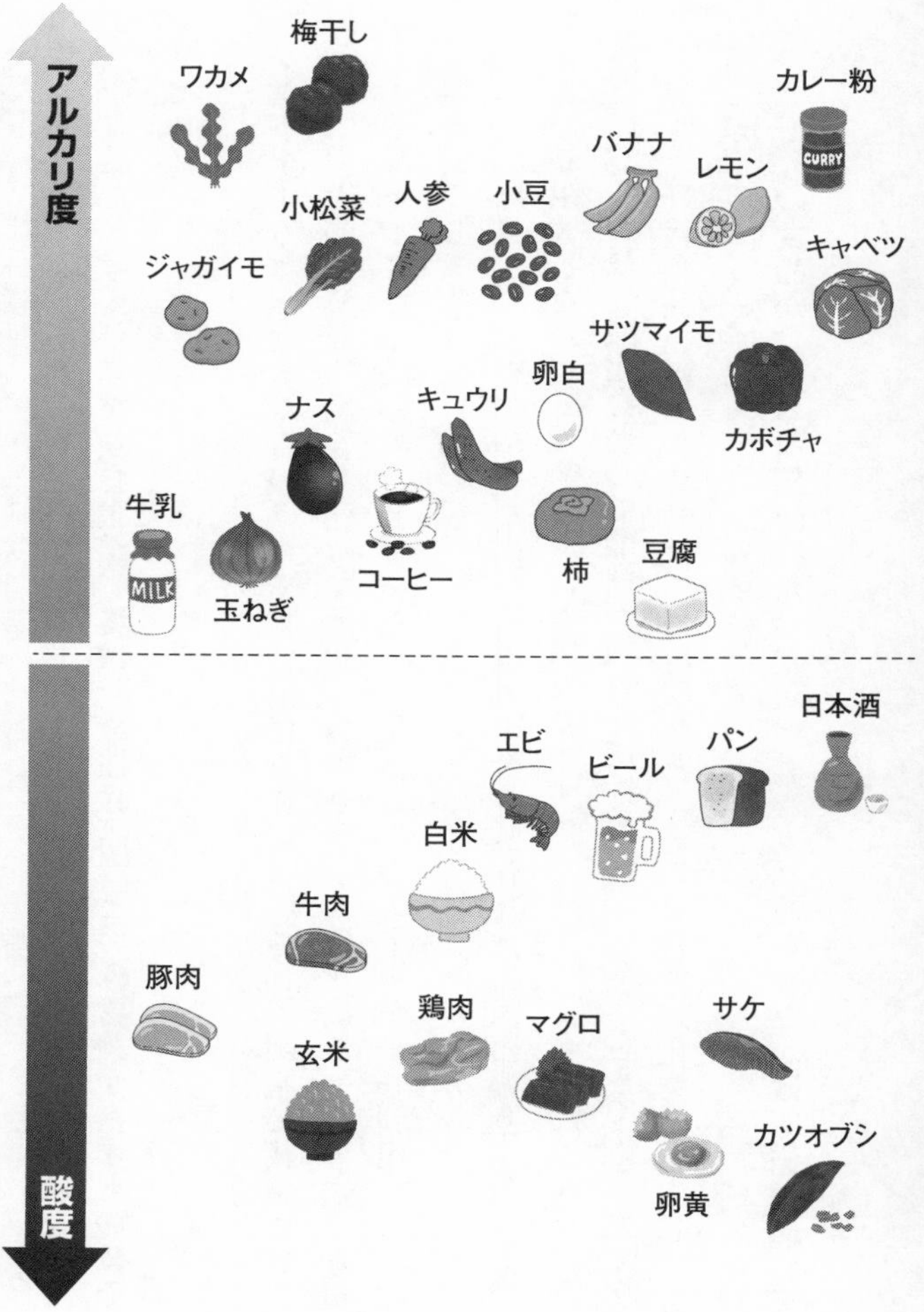

です。酸性食品というと、酸性の食品、すなわち酸っぱくて、青いリトマス試験紙を赤く変えるような食品だと考えたくなりますが、実は「酸性食品」という言葉が指すものはそうではありません。

私たちが食事をすると、食べたものは胃や腸で消化され、吸収されて細胞で代謝されます。代謝とは、栄養素が酵素の働きを受けて酸化、分解され、二酸化炭素や水のような最終酸化物とエネルギーになる反応のこと。私たち生命体はこのエネルギーを利用して心臓を動かし、脳を動かして生きているのです。

この酸化作用の結果、生じた二酸化炭素や水以外の最終酸化物は体内に残り、体内の機能を活発化したり阻害したりして調節することになります。

酸性食品とは、この最終酸化物として酸性の物質（酸性酸化物）を生じるものなのです。反対に、アルカリ性食品とはアルカリ性の最終酸化物（アルカリ性酸化物）を生じるものということになります。

したがって、その食品が食べる前に酸性だったか、アルカリ性だったかは関係がありません。

金属元素を含むかどうかがポイント

では、酸性酸化物やアルカリ性酸化物とはどのようなものでしょうか。

まず、物質を酸化させる酸素は、非常に反応性が高い元素です。元素とは物質を構成する基本単位であり、原子の種類のこと。地球上の自然界には90種以上の元素が存在しますが、酸素はそのうちの80種程度と反応し、酸化物を作ります。そうしてできる酸化物は、酸性の「酸性酸化物」とアルカリ性の「アルカリ性酸化物」の２つに大きく分けられます。

一方、元素は金属元素と非金属元素の２つに大別され、90種の元素のうち70種ほどは金属元素であり、非金属元素は残りの20種ほどにすぎません。そして、実は金属元素の酸化物はアルカリ性酸化物であり、非金属元素の酸化物は酸性酸化物なのです。

たとえば、非金属元素の炭素：Ｃから生じた酸化物、二酸化炭素：CO_2が炭酸：H_2CO_3という酸になることは先に見たとおりです。同じく非金属元素の硫黄：Ｓが酸化されると、二酸化硫黄：SO_2になり、これが水と反応すると亜硫酸：H_2SO_3という強酸になります。

それに対して、金属元素のナトリウム：Naの酸化物である酸化ナトリウム：Na_2Oは水に溶けると水酸化ナトリウム：NaOHという強アルカリになります。カルシウム：Caの酸化物である酸化カルシウム：CaOも水に溶けると水酸化カルシウム：$Ca(OH)_2$というアルカリになります（図表2－2参照）。

植物には多くのミネラルが含まれる

ここで、第1章で見たpHの図（19ページ）をもう一度見てみましょう。植物を燃やしてできる灰の水溶液である灰汁《あく》がアルカリ性の物質として表記されていました。昔はこの灰汁を洗濯や染色にも利用していました。この灰や灰汁は一体何でしょうか。

私が大学で教員をしていたころ、学生に「木材は何でできている？」と聞くと、多くの学生は「セルロース」と答えました。セルロースとは、炭水化物の一種で、炭素と水が結合したような物質です。これを燃やすと、炭素は二酸化炭素に、水は加熱されて水蒸気になって空気中に消えていきます。

しかし、木材が燃えたら、すべて気体になって後には何も残らないのではなく、灰が残ります。「この灰は何だと思う？」と学生に聞いても、答えられる学生はなかなかいませ

(図表 2-2) 金属元素と非金属元素が酸化した場合の変化

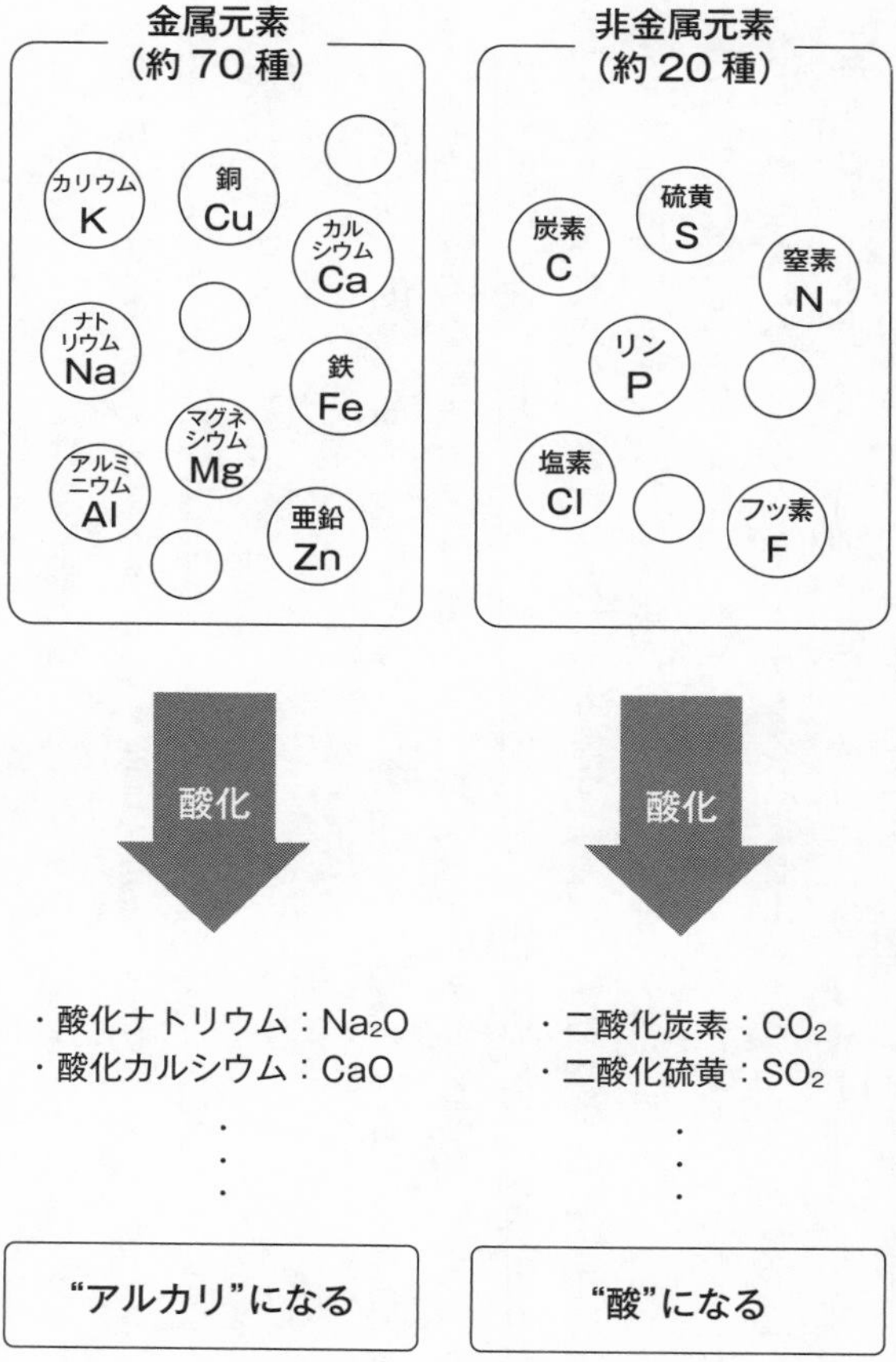

金属元素が酸化されると「アルカリ」に、
非金属元素が酸化されると「酸」になり、
その水溶液はそれぞれ「アルカリ性」「酸性」を示す

ん。

実は、木材はセルロースだけでできているのではありません。第1章でも少し触れましたが、植物は多くのミネラル元素を含んでいます。ミネラルの多くは金属元素ですので、これが燃えて酸化したら、アルカリ性酸化物になります。その水溶液は当然、アルカリ性。ですから灰汁はアルカリ性なのです。

これでもう、何が酸性食品で何がアルカリ性食品なのかの答えは出たようなものです。

つまり、緑黄色野菜などミネラルたっぷりの野菜はアルカリ性食品、ミネラルを含まない穀物や肉、魚は酸性食品ということになるのです。さらにいえば、植物性食品はアルカリ性食品であり、それ以外は酸性食品になります（ただし、植物性食品の中でも、非金属元素のリンが豊富に含まれる場合は、酸性食品である場合があります）。

ちなみに、酸性食品を食べると体が酸性になり、アルカリ性食品を食べると体がアルカリ性になるのではないかと思う人もいるかもしれませんが、私たちの体を流れる血液や体液は、「緩衝液《かんしょうえき》」とも呼ばれ、特別な組成でできています。酸を加えてもH^+が増加しないように作用するため酸性にならず、アルカリを加えてもOH^-が増加しないように作用するためアルカリ性になりません。そのため、私たちの血液のpHは、特定の食品をちょっとやそっと食べたくらいでは変化することはなく、中性の領域（pH7・35〜7・45）を厳密に保つようになっています。

「アク抜き」は驚くほど合理的な先人の知恵

話は変わりますが、日本でなじみのある山菜の1つにワラビがあります。食べたことがある人も多いと思いますが、とても美味しい山菜です。しかし、ワラビには毒があることは意外と知られていません。ワラビにはプタキロサイドという毒があり、放牧の牛が食べると血尿を起こして倒れるといいます。そのうえ、発がん性があるといいますから穏やかではありません。

しかし、私たちがそうなることはありません。なぜなら、食べる前に「アク抜き」という処理をしているからです。これはワラビを食べる前に一晩灰汁につけておくことです。これを一般に「アク抜き」といいます。灰汁はアルカリ性の液体です。これにワラビを漬けると、プタキロサイドが加水分解されて無毒になるのです。昔から伝わる先人の知恵には驚くほど合理的なものが少なくありません。

ただし、鍋料理などで「アクをすくう」場合のアクは、この場合の灰汁とは異なります。こちらは料理の「下ごしらえ」で除ききれなかった肉の血液や体液あるいは野菜の不溶性の部分などが集まったものです。栄養学的には栄養分たっぷりのものですから、捨てることはないのですが、「見た目がよくない」のと「味が濁る」というようなことから除くのが一般的なようです。あくまでも好き好きですので、各家庭のやり方で除くなり、食すなりするとよいでしょう。

ご飯を美味しく炊くpHは？

植物性食品の多くはアルカリ性食品ですが、穀物からできているご飯やパンは酸性食品です。

それでは、ご飯を美味しく炊くにはどのような性質の水がよいのでしょうか。

水質でよく耳にするのが硬水か軟水かです。

硬水と軟水の基準には、水に含まれるカルシウムおよびマグネシウムの濃度で表される

「硬度」が用いられています。ＷＨＯ（世界保健機関）の基準では、硬度が60㎎／L未満であれば軟水、60～１２０㎎／L未満であれば中軟水（中硬水）、１２０～１８０㎎／L未満であれば硬水、１８０㎎／L以上であれば超硬水に分類されます。

一般に、硬度の高い水は米に浸透しにくく、少しパサパサしてしまう傾向があるようです。一方、軟水は米に水が浸透しやすく、弾力が出やすいようです。

pHに関しては、中性が適しています。水道水のpH値は５・８～８・６と基準値が定められており、通常中性なので水道水で問題ないと考えられます。pH９・０以上のアルカリ水を用いると、パサつくなどの影響が出るようです。

寿司の場合は、食酢を混ぜた酢飯が使われます。寿司に使われる食酢には米酢、赤酢、黒酢、穀物酢、柿酢などいろいろな種類があり、いずれも酢酸：CH_3COOHという有機物の酸を４～５％含み、pH２・６～３・３程度に調整してあります。

ちなみに米酢、黒酢、赤酢の原料は米ですが、黒酢は米酢を熟成させたもの、赤酢は酒粕を酢酸発酵させたものとなっています。穀物酢は米だけでなく、他の穀物を混ぜたものであり、柿酢は柿の実を用いたものです。

酢飯のpHは家庭や店によっていろいろですが、概ねpH４・６以下であれば、病原菌の繁殖を抑制できるとされています。

鮒ずしを安全に食べられるのはpHのおかげ

現在私たちが食べる寿司は、江戸時代に生まれた寿司で、当時は「はや寿司」と呼ばれました。なぜはや寿司と呼ばれたかというと、ご飯に酢を混ぜてインスタントに酢飯を作り、それに刺身をのっけたからです。

それでは当時の「速くない普通の寿司」とはどのようなものだったかというと、現在でいう「馴れずし」でした。これは、魚と塩と米飯を乳酸発酵させたものです。よく知られた滋賀県の鮒ずしを例に取れば、樽に防腐のための笹を敷き、その上にご飯を敷き詰め、塩漬けをした後、塩抜きをした鮒を敷き詰め、その上にまたご飯、鮒と何重にも詰み重ねて、重しを乗せ、数カ月貯蔵します。

食べる頃にはご飯が発酵し、作るときに混じり込んだ乳酸菌が乳酸発酵し、美味しい寿司になっているというものです。鮒ずしは乳酸によってpHが下がり、pH３・７〜４・１程度になるということです。

よく似た物に東北地方で作る「飯《い》ずし」がありますが、これは硬めに炊いたご飯に麹《こうじ》を混ぜた物と、酢で締めた海産の魚の切り身を鮒ずしの要領で容器に詰め、1カ月程度置いたものです。この場合も乳酸発酵が進行し、pHは4・0くらいまで下がります。

馴れずしで怖いのは嫌気性細菌のボツリヌス菌の発生であり、これが発生した食品を食べると命にかかわりますが、pH4・0にまで下がるとボツリヌス菌は繁殖しなくなるとされています。しかし、pH値が高い場合にはボツリヌス菌が発生する危険性があり、現在ではpH4・6以下に保つことが推奨されているようです。

漬物のpHはなぜ低い?

野菜の漬物には、浅漬けのように野菜を調味液に漬けただけのような漬物と、高菜漬けや赤カブ漬けのように長期間漬けて発酵させたものがあります。一般的な発酵漬物を作るにはまず、塩分を含む漬け床に野菜を漬けます。すると、野菜から水分が染み出しますが、この水分中で乳酸菌が発酵し、乳酸が形成されます。

この乳酸形成により、pHが低下することで微生物の繁殖が抑えられ、保存性の高い漬物が出来上がります。厚生労働省で安全基準として定められている漬物は塩分が4％未満の場合、pH4・6以下となっています。

ちなみに市販の福神漬けはpH4・5、奈良漬けはpH5・0、たくあん漬けはpH4・6、味噌漬けはpH4・7、きゅうりの醤油漬けはpH4・9、ラッキョウ酢漬けはpH3・4程度となっています。

美味しいパンを焼く適正pHは？

パンの原料は麦です。麦には小麦、大麦、ライ麦などがありますが、日本のパンはほとんどの場合が小麦を主原料として作っています。

麦を育てる場合の土壌は中性から弱酸性が良いとされ、土壌の推奨pHは小麦で6・2～6・9、大麦で6・2～7・0とされています。しかし、安定的に高収量、高品質を得るためには、pH6・5を目標に土壌改良をすることが望ましいようです。

パンを作るためには、小麦を脱穀し、挽いて粉にしたものに水と酵母《こうぼ》（イースト）を加えてアルコール発酵をさせます。その際にアルコールとともに二酸化炭素が発生し、それがパン生地に泡を作り、パン独特の弾力と柔らかさを生むことになります。酵母を加えなければ発酵せず、発泡もしませんから、お煎餅になるだけです。

発酵は酵母という微生物による生化学過程ですから、適正なpH範囲があり、それは概ねpH６・０〜７・０といわれます。酵母の生育にとっての適正pHは４・５〜６・０程度といわれますから、それより中性に近いほうがよいということになります。

また、日本の水道水は地域と季節、時間によって変動しますが、先述したように概ね５・８〜８・６に調整されているため、パン作りに使用する際にpHが高い（アルカリ性）場合には若干調整したほうがよいかもしれません。生地がアルカリ性になると、酵母の活動が弱まってしまいます。すると、二酸化炭素の発生量が少なくなり、パンの膨らみが弱まるので、ふっくらしないパンになってしまう可能性があります。

反対に酸性になると酵母が活性化しやすくなるのですが、活発になりすぎると炭酸ガスの発生量も増えてしまい「グルテン」が柔らかくなります。グルテンとは、小麦粉に含まれる「グルテニン」と「グリアジン」という2種類のタンパク質が水を加えてこねることで、絡み合ってできる成分のこと。このグルテンがパン生地にベタつきを生むことになり、この場合も膨らみのないパンになってしまいます。

ライ麦パンが酸っぱい理由

ライ麦は土壌の適正pH範囲が広く、pH5・5~7・0で、肥料分の少ないやせた土地でも育ち、しかも耐寒性もあるというので北欧でも育てられたのでしょう。

しかしライ麦には困った性質があります。それはアミラーゼという、デンプン分解酵素が多く含まれているということです。そのため、そのままだとデンプンが分解され、生地内の水分を吸収できないため、パンが生焼けになってしまいます。

そこでサワー種という特別の種類の酵母を加えます。この酵母を入れると生地のpHが下がり、アミラーゼの働きが抑制されるので生焼けを防ぐことができます。このように、ライ麦パンはサワー種酵母によってpHが下がっているため、独特の酸味を持つのです。

食品の腐敗を防ぎ、日持ちをよくする方法

食卓にはいろいろな食品が並びます。それらのpHはどれくらいで、どのような意味を

持っているのでしょうか。現在市販の調理済み食品の多くには多種類の食品添加物が含まれていますが、そのうちの１つにpH調整剤があります。

このpH調整剤の化学的成分は、クエン酸、クエン酸三ナトリウム、炭酸ナトリウムなどさまざまな種類があります。食品の変質や変色を防いで品質を安定させたり、他の添加物の効果を向上させたりするために使用する添加物で、いわば添加物のための添加物のような働きをしています。食品の日持ちをよくし、腐敗を防ぐために使用されています。

ゆで卵を冷やしても、生卵に戻らないのはなぜ？

ここで、タンパク質とpHの関係についても見ていきましょう。まず、簡単にタンパク質の構造について説明させてください。

そもそもタンパク質は、20種類のアミノ酸と呼ばれる単位分子が、いろいろな順序で結合した長いひものような構造をしています。ナイロンやポリエチレンなどのプラスチックに似た高分子といわれるものであり、プラスチックと違って自然界に存在する高分子なので一般に天然高分子といわれます。

タンパク質の特徴はこの長いひも状の分子が固有の順序と形できちんと折り畳まれていることで、これをタンパク質の「立体構造」といいます。その畳まれ方は驚くほど規則正しく、同じ種類のタンパク質は全く同じ畳まれ方で畳まれています。

一般に「肉」といわれる動物の筋肉は、この立体構造を持ったタンパク質が無数といってよいほどたくさん集まり、固有の形にまとまった物です。

調理のためにタンパク質を加熱すると、ひも状分子は激しく揺れ動き、本来の立体構造を支えている結合がほどけてしまいます。その結果、それまで互いにくっつき合っていたひも状分子のアミノ酸は、結合する相手を失ってしまい、規則的な立体構造を失ってしまいます。すると、しかたなく手近な所にいる別のアミノ酸分子とくっついて集合体を作るため、冷却しても元の規則的な構造に戻ることはありません。ただの無秩序な集合体になってしまいます。

この結果、肉から水分が絞りだされ食感がパサつきます。タンパク質が収縮した肉の食感は硬いものとなります。卵で考えた場合、これがゆで卵の状態であり、ゆで卵をいくら冷やしても元の生卵に戻らないのはご存じの通りです。火傷も同じ原理です。

このようにタンパク質が本来持っている立体構造を失うことをタンパク質の「変性」と

いいますが、変性は熱だけで起こるものではありません。酸やアルカリあるいはアルコールなどの薬品で起こることもあります。

マムシ酒などのヘビ酒は毒ヘビを焼酎などの強い酒に長時間漬けた物ですが、毒ヘビの毒はタンパク質です。そのため、アルコールに長時間触れることによって立体構造が変化し、毒性を失ってしまうのです。20年ほど前に社会問題になった牛の病気「BSE（牛海綿状脳症）」は牛のタンパク質のうち、「プリオンタンパク」といわれるタンパク質が突如立体構造を誤り、別の立体構造に変化してしまい、毒性が現れたことによって発生した病気でした。

肉を美味しく柔らかく調理するには？

肉の種類にもよりますが、生肉はほぼ中性、つまりpHは7・0付近です。タンパク質はプラスとマイナスの電荷を持ち、その量（個数）は肉を調理する際の液体のpHによって変化します。そして、肉の中でプラスイオンとマイナスイオンの総個数が等しくなった状態を「等電点」といい、その状態のpHは5・5になります。

肉のpHが、この等電点に近ければ近いほど、タンパク分子間の引力が強まり、収縮が起こるので、肉の中の水分が絞りだされ保水力が低くなってパサつきの原因になります。

このとき、重曹などを用いて肉のpHを等電点の5・5より高く保つ、つまりアルカリ側に傾けることで、肉の硬化と離水が抑えられます。

等電点では、タンパク質同士がプラスとマイナスで引きつけ合いますが、pHを等電点からアルカリにすることで、タンパク質が持つマイナスイオンの個数が多くなり、マイナスとマイナスで反発し合い、収縮が起こりにくくなります。その結果、タンパク質とタンパク質の間に空間が生じ、水分を保持できるのです。また、タンパク質同士の収縮も抑えられ、肉を加熱しても硬化と離水が起こりにくくなります。つまり、しっとりと柔らかい肉に調理することができるのです。

このように、タンパク質が持つプラスイオンとマイナスイオンの電荷のバランスが、保水性を決める重要な因子になります。

反対に、等電点のpH5・5よりも酸性にすることでも同様の原理で肉の保水性を高めることが可能です。レモン汁や食酢、ワインなど酸性の液体に浸けるマリネ処理などにより、肉を柔らかく仕上げることができます。

食品中の「水分」が多いほど微生物が繁殖しやすい

食品に含まれる水分は、味わいだけでなく、保存性とも深い関係があります。幾種類かの食品の水分活性値とpHを図表２－３（52ページ）に示しました。ハムやソーセージには発酵は大きく関わっていないので、食品のpHは原料のpHにほぼ等しいと考えられます。

食品中の水分は食品成分と結合した〝結合水〟と、微生物が利用可能な結合していない〝自由水〟から成っています。水分活性はこの自由水の含有量を示す尺度で、水分活性が高いほど、微生物が増殖しやすくなるのでその食品の保存性は低下します。

水分活性は０～１の数字で示され、水分のない食品は０、純水は１となります。図の点線内にある食品は食中毒の原因菌であるリステリアの発育条件を満たしていることになります。

イカの塩辛をはじめ、タコ、カツオ、シオマネキ、アユの内臓など魚介類の塩辛は日本の食卓を賑わす名脇役ですが、これらの製造には、先述した野菜の漬物と同様に乳酸菌の

(図表 2-3) 各食品の pH と水分活性分布

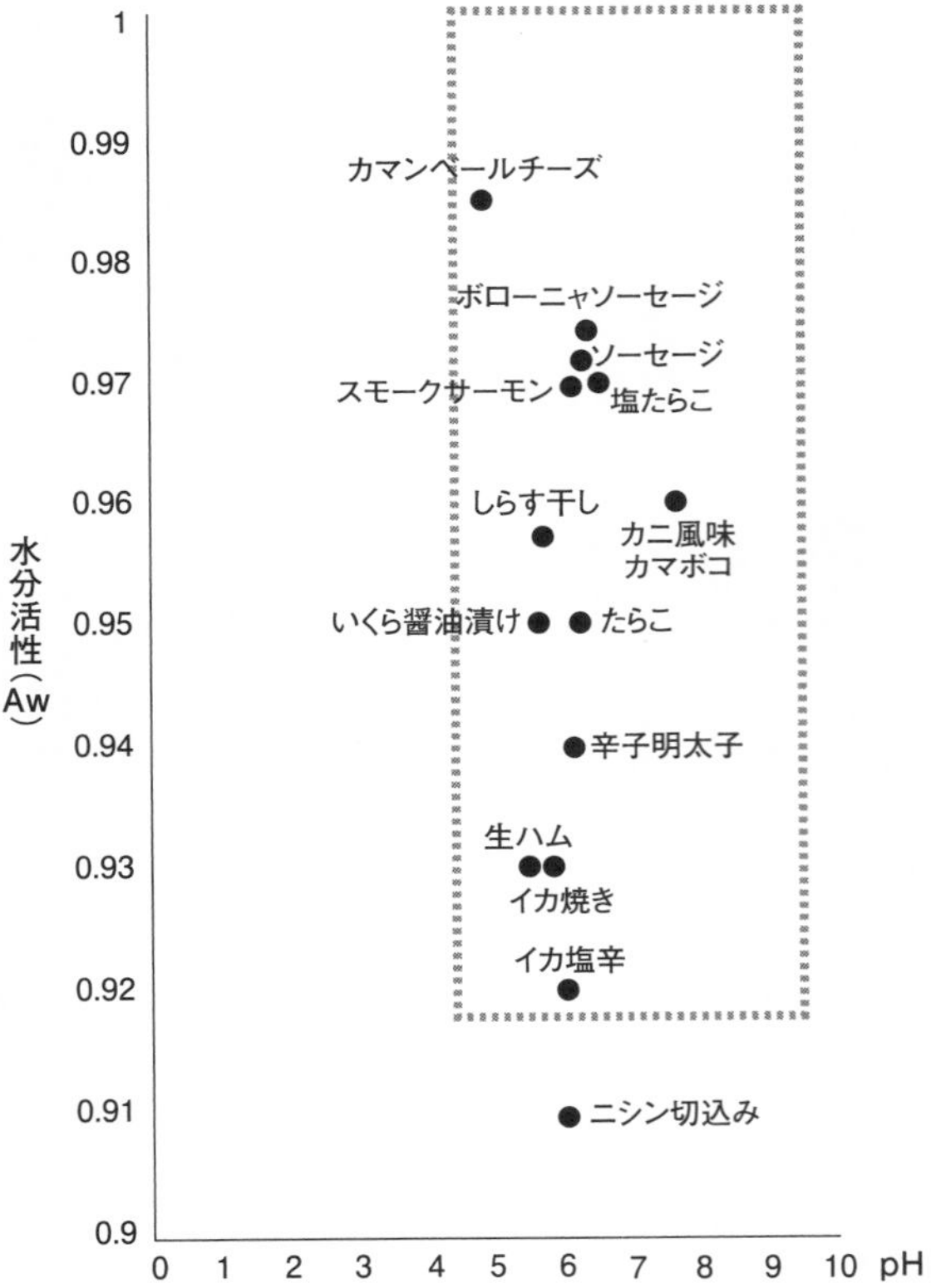

図の点線内にある食品はリステリア(食中毒の原因菌)の発育条件を満たす

リステリアの発育条件
−0.4 ～ 45℃、pH4.4 ～ 9.4、
水分活性 (Aw) 0.92 以上

至適条件
37℃、pH7.0、
水分活性 (Aw) 0.99 以上

出典:食品安全委員会「微生物・ウイルス評価書 食品中のリステリア・モノサイトゲネス」

働きが欠かせません。塩辛の製造では、製造開始数日間でpHの急激な低下が観測され、乳酸が発生していることがわかります。乳酸発酵により、細菌の働きを抑制するとともに、独特な香りやうまみが生まれます。

コラム　地域に伝わる食の伝承にpHの知恵が隠れている

45年前、私が名古屋に赴任して間もないころ、先輩から小さな紙包みをもらいました。「これ、僕の友人が作った鮒ずし。夕べ僕が食べたけどなんともないからあげる。食べてみて」ということです。

鮒ずしは話には聞いていましたが、見たことも食べたこともなかったので、家に帰って開けてみました。紙を広げるごとにアヤシゲな匂いが漂い、全開した状態では、ご飯と魚が混じった生ごみと見間違うかのような状態の物体と、生ごみ以上のにおいとに驚いてしまい、食べるどころの話でなく、そのまま厳重に包み直してしまいました。

それにしても気になるのは先輩の言葉「夕べ僕が食べたけどなんともないからあげ

る」です。調べてみてわかりました。鮒ずしに限らず、密閉した嫌気状態で放置した食品には、先述したように「ボツリヌス菌」が発生する可能性があります。

これは食中毒を起こす細菌の中では最も怖い菌であり、発症すると高い確率で命を失います。

1984年に熊本の辛子レンコンで起こったボツリヌス中毒事件では、購入者が出身地へお土産として持ち帰ったため、患者は全国に広がって総数36人となり、そのうち、11人が亡くなりました。毒は神経毒で、筋肉が収縮運動性を失います。ということは目じりのしわも消えるということで、現在は精製したボツリヌス菌を目じりに注射してしわを消す美容法もあるといいます。

先輩はこのボツリヌス菌について言及していたのです。つまり、「夕べ食べた僕がなんともないんだから、ボツリヌスの心配はない。安心してどうぞ」ということだったのです。

それから何年かして岐阜へ行ったときに古風な店で「アユの馴れずし」をみつけました。店番をしていた70がらみのご主人に「これください」と言いましたが、「やめとき」などと言って、取り合ってくれませんでした。察するにきっと、「この客は馴れずしなど食べたことがない客だ。こんな客に馴れずしを渡したら、保健所に持ち込まれるかもしれない」と思って予防線を張ったのでしょう。

ということで、私はまだ馴れずしを食べたことがありません。しかし、学生時代に下宿のおばさんが、土産にもらったという「くさやの干物」を台所で焼き、下宿生一同驚いて台所に駆けつけたことがありますから、この手の物は私には合わないのかもしれません。

ちなみに、ボツリヌス菌は酸性の条件下（pH４・６以下）では増殖しないので、馴れずしや野菜の古漬けなどのように十分に乳酸発酵した酸性の食品では毒素は産生されません（ただし、pHが低くても、それまでに形成された毒素は分解されません）。細菌の増殖や毒素の産生を防ぐためには、低温での貯蔵、塩分の含有、pHを組み合わせることが大切であり、それは地域の伝承の中に貯蔵されているはずです。

なお、ボツリヌス菌は熱には強く、とくに芽胞《がほう》という冬眠状態になると普通の加熱温度で死滅させるのは困難です。レトルトパウチ食品や缶詰が膨張していたり、食品に酸っぱいような異臭（酪酸臭）があるときにはボツリヌス菌に汚染されている可能性があるので、食べるのを避けたほうがよいでしょう。

また、1歳未満（特に3週〜8カ月）の乳児に見られるのが「乳児ボツリヌス症」です。食品とともに摂取されたボツリヌス菌の芽胞が、大腸内で増殖する際に産生される毒素によって発症します。強度の便秘が3日以上続き全身の筋力低下などが起こります。ハチミツやその加工品が主要な原因とされているため、1歳未満の乳児にはこれらの食品を与えないことが有効な予防法になります。

第3章

飲み物とは特に深い関わり
美味しいお酒ができるのも「pH」のたまもの

緑茶や紅茶、ウーロン茶の違いは「発酵」

最近はコーヒーの勢いに押され気味ですが、日本人といえば、やはり緑茶でしょう。最近はウーロン茶や紅茶、抹茶、お寿司屋さんで出る緑茶の粉茶など、いろいろなお茶類が出回っていますが、基本的にはみな「お茶の木」の葉を加工したものです。

お茶の葉を摘んでそのまま放置すれば、葉の中の酵素により発酵して紅茶に、微生物を添加し、その働きで発酵させれば、プーアール茶などの「後発酵茶」になります。紅茶になる手前で発酵を中止すればウーロン茶になります。

摘んだ葉を蒸して加熱すれば酵素は破壊され、細菌は死滅するので発酵は起こらず、いつまでも緑を保ちます。これを揉んで細胞を壊し、内容物を抽出しやすくしたのが緑茶であり、緑茶を臼で挽いて粉にしたのが寿司屋さんで出る「緑茶の粉茶」です。

それに対してお茶の木の新芽を、直射日光に当てないように日陰で育て、蒸してから粉に挽いたのが抹茶です。反対に成長してしまった芽で作ったのが番茶であり、緑茶や番茶を加熱して軽く焦がした（焙《ほう》じた）物が焙じ茶、玄米を炒った物を加えたのが玄米茶ということになります。

いずれも覚醒作用のあるカフェインを含んでいることに変わりはありません。

市販のストレートティーは、なぜ酸性なのか？

お茶を淹れるのに用いる水にはミネラル分、つまり金属元素が溶けていますが、その量によって硬水と軟水に分けられます（40ページ参照）。緑茶に向くのは、硬度30～80㎎／L程度の軟水～中軟水がよいといわれています。旨み・渋み・苦みがバランスよく出るようです。

硬度が高いと、お茶の苦みが抑えられてしまいます。旨み・渋み・苦みのバランスが大切な日本茶には向かず、反対に硬度10㎎／L以下の軟水では渋み・苦みを強く感じるようになり、これまた日本茶には適さないようです。

pHはどうかというと、おおむね中性が適しており、市販の緑茶も中性の6・3程度が多いです。

紅茶のpHも同じくほぼ中性ですが、市販のペットボトル飲料の紅茶の場合は、ストレートティーでpH5・5、レモンティーではpH3・6と、どちらも酸性です。

レモンティーにはレモン果汁（らしい物）が入っているのでしょうから酸性なのは当然ですが、紅茶以外は何も入っていないはずのストレートティーまでが酸性なのはなぜでしょう？

市販のストレートティーは、実はストレートではなく、いろいろな添加物が入っており、なかでもpHに関わってくるのがビタミンCです。第1章でも触れましたが、これはもともと酸の一種であるアスコルビン酸という物質です。栄養補給や飲料の変色防止などのために添加されており、これによりpHが下がるのです。

コーヒーのまろやかさや酸味はpHが左右する

いまや緑茶を押しのけ、国民的飲料ともなっているコーヒーは、酸性の飲み物であり、そのpHは一般に5・0程度の弱酸性です。しかしコーヒー豆の種類や焙煎度によって、より酸性になることもあります。

たとえば、ケニアやマンデリンなどの酸味の強いコーヒーはpH4・0程度まで下がります。一方、焙煎を深くすればするほどpHは上昇し、中性に近づきます。

焙煎する前のコーヒー豆にはクエン酸、リンゴ酸、キナ酸、リン酸などいろいろの種類の酸が含まれています。これらがそのままコーヒーを飲んだ時に感じる酸味になるわけではありません。生豆を焙煎すると、豆に含まれる成分が化学反応を起こして新たな酸が作られます。

焙煎中に起こった化学反応により、豆が色付き始めるまでは酸の総量が増えていきます。つまり、焙煎の最初は酸味が強くなり、その後高温になると酸の熱分解が始まります。そして、その段階が過ぎて焙煎が進んでいくと、今度は酸味が減っていきます。

コーヒーを淹れるのに使用する水の最適なpHは、一般に中性のpH７・０程度とされますが、豆の種類や飲む人の好みによります。

たとえば、ややpHの高い硬水で淹れると、コーヒーの酸性は中和され、よりまろやかな味わいになります。反対に、酸性に近い軟水で淹れると、より酸味の利いたコーヒーになります。酸性やアルカリ性に傾きすぎるとクセが強くなりますが、好みに合わせて、試行錯誤しながら自分なりにベストな組み合わせを見つけることが、コーヒーの楽しみ方の１つといえるかもしれません。

余談ですが、コーヒーには香りが高いことと価格が高いことで有名なコピ・ルアクという種類があります。なんでもネコの一種であるジャコウネコが果肉付きのコーヒーの実を食べて、消化されずに排泄《はいせつ》されたコーヒーの種を焙煎したものだそうです。発酵した果肉の香りや香水「シャネルの5番」にも用いられるジャコウネコの分泌物の香りなどが移り、非常に味わい深いコーヒーなのだそうです。

しかし、ジャコウネコはコーヒーの実を選択して食べるわけではなく、たまたま食べたコーヒー豆の種類やジャコウネコの体調によっても味が変わるということで、化学的なデータはあまりありません。pHに関しては、他のコーヒー豆と大差ないようです。

最近では、ネコが食べたコーヒーだけでなく、サルが食べたコーヒー、ゾウが食べたコーヒーなども現れており、特にゾウが食べた物は「ブラックアイボリー」と呼ばれて高額で取引されているそうです。そのうち、動物園のゾウが食べたコーヒー豆やコーヒーが販売されることもあるかもしれません。

果物ジュース、炭酸飲料のpHはどれくらい?

糖分の多いジュース、特に炭酸飲料ばかり口にしていると虫歯になりやすいといわれますが、これにもpHが関わっています。

「エナメル質臨界pH」という言葉を耳にしたことがある人もいるかもしれません。これは、歯の表面のエナメル質が溶け始めるpHを示しており、その値は5・5です。エナメル質が溶け出すと、歯からカルシウムが溶け出し、虫歯の原因となります。しかし、pHが5・5より低い飲料を飲んだからといって、ただちに虫歯になるわけではありません。詳しくは第6章（134ページ）で解説します。

ここで市販飲料のpHがどれくらいかを見てみましょう。pHは製造企業によって異なることが多いため、あくまでも目安ではありますが、果物や野菜を搾った主な飲料では、グレープジュースは3・5、レモンジュースは3・6、野菜ジュースは3・7、リンゴジュースは4・0弱、トマトジュースは4・1〜4・4、オレンジジュースは4・2です。すべてエナメル質臨界pHより強い酸性です。

原材料が果実でない飲料のpHについては、炭酸飲料では2・3〜2・9、乳酸菌飲料は3・4、スポーツドリンクは3・5、ビタミン補給飲料は3・7程度です。先ほどのジュース類よりも強酸の飲料が多い傾向があります。あまり酸味を感じない炭酸飲料でpHが最も低く、酸味よりも甘さを強く感じる乳酸菌飲料でもpHが3・4と低いのは意外な感じがしますが、一般に、炭酸飲料ではリン酸によって、乳酸菌飲料では乳酸によって強い酸性を示すと考えられます。

牛乳がヨーグルトになるのはpHしだい

新鮮な生乳のpH値は、通常6・4〜6・8にあり、牛乳の生産地によって異なります。自然界にはいろいろな種類の乳酸菌がウヨウヨしていますが、牛乳中で乳酸菌が繁殖すると乳酸が生成します。牛乳のpHは、このような微生物の活動によって生成された乳酸の量を反映しています。

ここで、乳製品の作り方について見てみましょう。乳製品の味は、乳酸の量が多いほど酸味が強くなり、味や香りが変化します。そして牛乳のpHが4・6以下になると乳タンパク質の主成分であるカゼインが変性して凝固します。これがヨーグルトです。

この状態のものに消化酵素のレンネットを加えると凝固がさらに進行します。これを絞って固形分だけを取り出し、カビを付けたり熟成させたりと、いろいろの操作をしたものがチーズとなります。チーズは、乳タンパクと乳脂肪分のおよそ1：1の混合物です。

牛乳をペットボトルなどに入れて激しく振り続けると、脂肪の粒子がくっつき合って次第に大きくなり、やがて水分と分離します。これがバターであり、その成分は乳脂肪分です。

ただし、市販の牛乳に含まれる脂肪分は4％前後と少なく、脂肪もホモジナイズ（均一化）という処理をされて固まりにくくなっているので、生クリームを加えてやったほうがうまくいくでしょう。固まりができたら水気を切って、適量の塩を加えて練り合わせればバターのできあがりです。

ヨーグルトのpHが低いもう1つの理由

乳酸菌が作る乳酸は酸ですから、乳酸の入った製品のpHは下がります。多くの微生物はpH5・0以上の弱酸性～中性域でしか生育できません。大腸菌などはpH5・0以下ではなかなか生育できなくなり、pH4・0では生存できません。

そのようななかで乳酸発酵製品の代表といわれるヨーグルトのpHは4・0とされており、

多くの微生物が生育できなくなるpH環境なのです。また酵母はアルコール（エタノール）を作ります。エタノールが1～8％であれば、大腸菌などの細菌が生育できにくくなります（静菌作用）。つまり、これらの微生物が生育した発酵食品では、他の有害な細菌は生育しにくくなります。

さらに乳酸菌類や納豆菌などは、「バクテリオシン」と呼ばれる他の微生物の生育を阻害する作用（抗生物質と類似の作用）を持つペプチド（アミノ酸の化合物、タンパク質の原料）を生産します。つまり、有害な細菌が発生しにくくなるのです。バクテリオシンは、人間には無害で、胃腸で完全に分解されるといい、アメリカではすでに食品にも利用されています。

また、長い菌糸で米や麦、大豆などを覆いつくすように旺盛に生育している麹菌などの発酵微生物群の中に大腸菌などの細菌が入っても、生育できずに死滅します。このため発酵食品は腐りにくくなります。

しかし発酵食品も長期間保存すると発酵微生物の作用が弱まります。こうなるとアルコールや乳酸の静菌作用が弱まるため、他の菌種が生育しやすくなります。

長期保存に関していえば、腐敗を防ぐためには発酵食品といえどもそれぞれに適切な方法で保存し、保管・熟成方法に気をつけなくてはなりません。

造り方に深く関わるお酒のpH

お酒にはいろいろな種類があります。「ワイン」「ビール」「日本酒」「紹興酒」などの醸造酒、「焼酎」「ウイスキー」「ブランデー」「テキーラ」「ラム」などの蒸留酒、「梅酒」「ジン」「アブサン」「ハブ酒」「マムシ酒」などのリキュール、そして各種チュウハイ等も含まれるカクテルの4種類に分けることができます。

お酒は基本的に、ブドウ糖を酵母という細菌によって「アルコール発酵」することでできます。この時の副産物として気体の二酸化炭素とエタノールが発生しますが、二酸化炭素を発泡に利用したのがパンであり、エタノールを酔いに利用したのがお酒ということになります。

主なお酒のpHを図表3－1（69ページ）に示しました。同じ種別のお酒でも個別の製品ごとにpHの値に差は見られますが、ほとんどのお酒が酸性であり、特にワインの酸性が顕著です。その原因はワインに含まれる酒石酸とリンゴ酸によるものと考えられます。

お酒の味わいにも影響を与えるpHは、造り方によっても変化します。主なお酒の製法とともにpHとの関連を見ていきましょう。

醸造酒の味わいや色みにもpHが影響

はじめに、基本的な醸造酒の造り方です。

ワインはpHが上がると、渋みが弱まる

植物は光合成によって、二酸化炭素と水を原料にして「ブドウ糖」などの「単糖類」と呼ばれる小さな糖類を作ります。しかし、これでは使うのに不便なので、これをいくつもつなげて「デンプン」や「セルロース」などの多糖類にして、生命活動に用いています。第2章でも触れましたが、エチレンをつないで高分子（プラスチック）のポリエチレンにするのと同じ原理です。そのためデンプンやセルロースは「天然高分子」といわれます。

微生物の一種である酵母はブドウ糖に作用して、これを二酸化炭素とアルコール（エタノール）に分解します。これがブドウ酒「ワイン」の基本的な製法です。

（図表 3-1）お酒の pH

醸造酒	白ワイン	2.3 ～ 3.4
	赤ワイン	2.6 ～ 3.8
	発泡性ワイン	3.2
	マッコリ	3.8
	ビール	4.0 ～ 4.4
	日本酒	4.3 ～ 4.9
蒸留酒	ウイスキー	4.9 ～ 5.0
	麦焼酎	6.3
リキュール・カクテル	酎ハイ	2.5 ～ 2.9
	梅酒	2.9 ～ 3.1
	ハイボール	3.6

※同じ酒類でも、製品ごとに pH に差があるため、1 つの目安としてご覧ください。

（時事メディカル『Dr. 純子のメディカルサロン』「お酒の飲み方次第で歯が溶ける !?　口腔の健康は糖尿病・認知症にも関係します」を元に編集部作成）

酵母は天然ブドウの葉っぱに付いています。発生した二酸化炭素は水に溶ければ炭酸になり、pHが下がるため雑菌の繁殖が抑制されます。

つまり、ブドウを潰して貯蔵すれば、何もせずともワインになるのです。その昔サルが「サル酒」といわれるものを飲んで、顔が赤くなったという言い伝えがありますが、この話の前半（お酒を飲んだという部分）は、あながち間違いではないかもしれません。

一般に、ワインのpHは2・8～4・0弱と酸性を示しますが、pHが上がると渋みが弱まり、赤ワインであれば赤みが薄まったりします。一方、白ワインではpHの上昇により溶け込んでいた澱《おり》が析出し、濁りが見られることがあります。

ベートーベンの難聴はワインのpHが原因だった!?

図表3－1（69ページ）に示したワインのpHは現在のワインですが、ブドウの品種改良が進んでいない古代のワインはもっと酸っぱかったものと思われます。100年ほど前の明治時代、植物学者として有名な牧野富太郎の好んだワインとして有名なのが岩手県の山ブドウから作ったワイン「山葡萄酒」です。

私も一度試飲しようと思いましたが、喉を通りませんでした。ただならぬ酸っぱさです。香りは峻烈《しゅんれつ》で素晴らしいのですが、酸っぱさが猛烈で喉が拒否します。私は酸っぱいのが苦手ではありますが、それにしても「山葡萄酒」の酸っぱさはただ物ではありません。

ローマ時代のワインも、もしかしたらこのような物だったのかもしれません。とにかくローマ人も我慢できなくて、鉛の鍋で温めてホットワインにした後に飲んだといいます。

というのは、このようにすると酒石酸と鉛が化合して酒石酸鉛となります。この酒石酸鉛は「サパ」と呼ばれ、非常に甘いのです。これは酸っぱいワインに砂糖を加えて甘くするのとはわけが違います。酸っぱいワインの「酸味成分」がそっくりそのまま「甘味成分」に変わるのです。言ってみれば「酸っぱいワインほど甘くなる」ようなものです。

余談ですが、ローマ帝国の皇帝ネロはこれを好んだといいます。しかし、鉛は有毒な重金属です。特に神経を害する神経毒として知られ、頭痛や胃腸障害、感覚の消失などが起こり、体のさまざまな部位に悪影響を及ぼします。現代でも、つい半世紀足らず前までは散弾銃の弾丸、釣りの重り、ハンダなどとして盛んに使われていましたが、現在では自粛されています。特に、鉛を用いたハンダを使った家電製品はＥＵでは輸入禁止になっています。

若い時は音楽を愛する芸術家で、優れた建築家でもあった皇帝ネロが、長じるとキリスト教徒を迫害し、ローマに火を放つ暴君と化したのは鉛中毒のせいだとする説もあるほどです。

ワインに鉛を加える習慣は近代ヨーロッパまで続き、ベートーベンの頃にもワインにサパを入れて飲む習慣があったといいます。ベートーベンはこのように甘くしたワインを特に好んだようで、彼の頭髪からはかなりの鉛が検出されたといいます。そのようなことで、ベートーベンが強度の難聴になったのは鉛中毒のせいだという説もあります。

ちなみに日本では明治初期に、鉛入りの白粉《おしろい》（炭酸鉛:$PbCO_3$）が禁止されました。現在の白粉は鉛ではなく、チタンTiなどに置き換わっています。それ以前は、特に遊郭の女性は顔だけでなく胸にまで白粉を塗り、赤ちゃんはオッパイと一緒に鉛を舐めていたことになり、その被害は相当なものだったはずだと言われています。幕末には、徳川家をはじめとした大名家で、男子が少なくて養子縁組が相次いだのも鉛のせいという説もあるほどです。

ビールは苦みの源「アルファ酸」で美味しさが決まる

植物の多くは、光合成によってデンプンやセルロースを貯蔵しますが、私たち人間が最終的な栄養源として利用するのはブドウ糖です。デンプンやセルロースを栄養源として利用するにはそれらを分解してブドウ糖にしなければなりませんが、人間をはじめとした何種類かの生物は、デンプンは分解できてもセルロースを分解してブドウ糖にすることはできません。

ブドウ糖を分解してアルコールにする酵母は、ブドウ糖は分解できてもデンプンを分解することはできません。酵母がデンプンからできた穀物をアルコール発酵してお酒を造るためには、デンプンを分解するのに助けを借りなければなりません。その「助け」をするものが化学物質の「酵素」や微生物の「麹《こうじ》」になります。
つまりブドウ糖から造るワインに比べて、麦や米などの穀物から造るビールや日本酒は、「デンプンをブドウ糖に分解する」というひと手間を余計にかける必要があるのです。

ビールを造るにはデンプンの麦を発芽して麦芽《ばくが》にします。麦芽にはデンプンを分解する「酵素」が入っています。そこで、麦を煮て作った麦汁《ばくじゅう》に麦芽を加えて、デンプンを分解し、ブドウ糖にします。そこに酵母を加えてアルコール発酵させ、苦みや香り付けのホップを加えたものがビールになります。

ホップにはアルファ酸というポリフェノールの一種が含まれています。アルファ酸はその名前の通り酸ですから、ビールを酸性に傾ける方向に働いており、雑菌の増殖を抑え、保存性を高めています。また、pHの値は香味や泡の状態にも影響するため、ビールの商品価値を左右する大きな要因の1つとなっています。

日本酒にも欠かせない乳酸菌

日本酒の製法は基本的にビールと同じですが、デンプンを分解するのに酵素でなく、微生物の麹を使います。すなわち、米を炊いたご飯に麹を加えて分解してデンプンとブドウ糖の混合物である醪《もろみ》とし、そこにさらにご飯を加えてアルコール発酵します。つまり、デンプンの分解（糖化）とブドウ糖のアルコール発酵を同時進行で行うのです。

また、発酵の初期段階では雑菌が混じってアルコール発酵の邪魔をする可能性があるので、わざわざ乳酸菌を加えて酸性にする、つまりpHを下げています。

「山廃《やまはい》仕込み」という言葉を耳にしたことがある方もいると思いますが、この「山廃」は、山卸《やまおろし》という蒸米をすりつぶして米を溶解しやすくする作業を廃したという意味で、自然に発生する乳酸菌を増やし、酸性環境を作る手法の1つ。つまり、乳酸菌の種類（株）が異なることを指しています。

こうしたことは発酵学の進歩した現在では理屈として理解が可能ですが、昔の人たちにはわかるはずはありません。それを勘と経験によって体得し、美味しいお酒を完成させた昔の杜氏《とうじ》の人々の努力には頭の下がる思いがします。

日本酒の味を決める「酸度」「日本酒度」

発酵が終わった段階で、搾って液体を取り出せば日本酒の完成です。

日本酒が好きで、味にこだわりのある人は、日本酒の味を甘い、辛い、淡麗、濃厚などと批評することがあります。また、日本酒のラベルにはこれらと関係のありそうな指標として、「酸度」「日本酒度」が表示してあります。これらの基準はpHと関係があるのでしょうか?

日本酒のpHは4・3~4・9であり、酸性です。日本酒に含まれる酸は主に乳酸、コハク酸、クエン酸、リンゴ酸の4種です。これらの酸は原料の米や水から来たものではなく、発酵の過程で酵母など微生物の働きでできたものです。酸の多い酒が辛口と呼ばれます。

乳酸は日本酒の酸味の基本であり、お酒以外の発酵食品にもほとんど必ずといっていいほど含まれています。コハク酸はアサリなどの貝類に多く含まれます。酸味というよりは、日本酒の旨みの成分として重要な物です。しかし、コハク酸が多すぎると苦みや渋みが増します。

クエン酸はレモンなどの柑橘類に含まれる酸です。リンゴ酸は白ワインに近い味を持つ酸で、日本酒に軽やかさや爽やかな味わいをもたらします。

酸度が高いと濃醇な味わい

「酸」度ですから酸・アルカリと関係ある指標と考えられます。日本酒メディア「SAKE Street[1]」によると、

「日本酒の酸度を計る際には、日本酒10mℓに0・1N（濃度の単位）の水酸化ナトリウム溶液を用いて、pHが7・2になるまで中和滴定をおこないます。その際に使用した水酸化ナトリウム溶液の体積を、酸度と呼んでいるのです」

とあります。したがってpHが低ければ酸度は大きいということになり、pHの数値とはほぼ反比例の関係があることになります。そして、

「一般的に、日本酒の酸度は0・5～3・0程度に収まります。中庸とされるのは1・4～1・6程度です。酸度が1・4よりも低い酒からは、柔らかく軽快なニュアンス、いわゆる『淡麗』な印象を感じるでしょう。一方、酸度が1・6より高い酒からは、酸味を感じるジューシーな味わいや、骨格がしっかりした『濃醇』な印象を感じることが多いでしょう」

とあります。日本酒の濃い味わいが好きな人は酸度の高さを目安の1つとしてお酒を選んでみるのもよいかもしれません。

1　SAKE Street：https://sakestreet.com/ja/media/how-to-read-data-on-sake-labels

日本酒度が高いほど辛口になる

日本酒に含まれる酸の量、つまりpHは前項の酸度で示されます。しかし、日本酒の美味しさは酸の量、pHだけで決まるものではありません。酸になる前の糖分の量も大きく影響してきます。この糖分の量を表すのが日本酒度です。

日本酒度とは、日本酒の「比重」です。日本酒度と比重は反比例の関係にあります。日本酒度はマイナス1・4〜プラス1・4が普通の範囲ですが、0を基準として、それより日本酒度が低くなる（＝比重が重くなる）ほど甘口、高くなる（＝比重が軽くなる）ほど辛口だとされています。

その理由はアルコールの比重にあります。アルコールは水より軽く、糖は水よりも重いという性質があります。そして日本酒が発酵するプロセスでは、酵母が（重い）糖を分解して（軽い）アルコールに変えていくので、日本酒の比重は発酵が進むにつれて徐々に軽くなります。つまり、日本酒度が大きい（＝比重が軽い）酒では、より多くのアルコールが作られているといえます。

アルコールが多く作られたということは、糖が分解され少なくなったということを意味します。そして糖が少ないということは、甘味が少ない、つまり辛口であるという考えから、甘さ・辛さの指標としても日本酒度が使われているのです。

以上より、日本酒は4タイプに分類され、その日本酒度、酸度との関係は図表3－2のようになります。

麦焼酎は虫歯になりにくい

蒸留酒は醸造酒を蒸留して、アルコール含有量の多い部分だけを集めたお酒です。醸造酒に含まれるエタノールは、醸造酒の中でも最も高いアルコール濃度を誇る日本酒でも15％ほどです。多くの人はこれで十分酔いが回り、心地よくなれますが、これではもの足りないという猛者《もさ》もいます。そこで造られたのが、蒸留酒です。

水の沸点は100℃ですが、エタノールは78℃ほどです。そして、有機物の酸の沸点は多くの場合水より高いです。ということは醸造酒を加熱すれば、まずエタノールが揮発して気体になり、その次に水が気体になるということになります。この原理を利用すれば、醸造酒からエタノールを分離することが可能になります。

（図表 3-2）酸度と日本酒度の関係

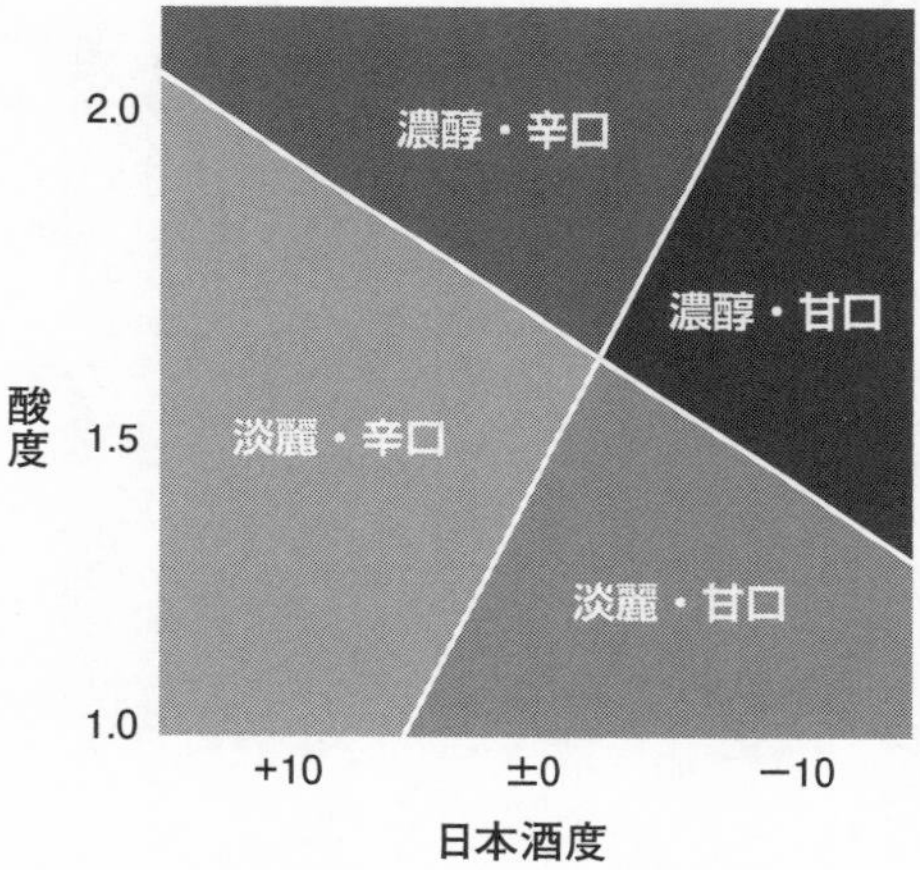

淡麗・辛口…口当たりがすっきりと滑らか。

淡麗・甘口…すっきりとした飲み口だが、甘い後味。

濃醇・辛口…濃厚な旨味でどっしりとした辛口。

濃醇・甘口…コクがあり、豊かなボリューム。

このようにして作ったエタノール分の高いお酒が蒸留酒です。現代の技術を用いれば、蒸留酒はアルコール度数100％近くのものも可能ですが、それでは純粋エタノールで、原料の醸造酒の味も香りもありません。そこで技術者の腕の見せどころは、如何にして醸造酒の持つ「美味しい不純物」を取り込むか、というところになります。

蒸留酒のアルコール度数は焼酎の20～45％をはじめとして、多くは50％ほどですが、最も高いものはポーランド産ウォッカの「スピリタス」で96％にもなるなど、いろいろあります。

　酸は沸点が高く、なかなか揮発しませんから蒸留酒には酸成分が少ない、つまりpHは醸造酒より高いということになります。実際に**図表3－1**（69ページ）で見るように、蒸留酒のpHはウイスキーが4・9～5・0ですが、麦焼酎のpHは6・3と中性に近いです。先に見たエナメル質臨界pH5・5よりも高く、他のお酒と比べると、虫歯になりにくいといえます。芋焼酎の場合にはpHは4・5～4・9と酸性になっているようです。なお、蒸留酒はアルコール分だけを抽出したものであるため、通常は糖質が含まれません。そのため、それなりに糖質が含まれる醸造酒と比較すると、蒸留酒のほうが押しなべて虫歯になりにくいといえそうです。

　とはいえ、麦焼酎を除き、ほとんどのお酒のpHはエナメル質臨界pH5・5より低いです。お酒を飲むのをやめると、唾液の作用で口腔内のpHはすぐに上昇しますから、それほど心配することはありませんが、ダラダラと長酒をしているとpHはいつまでも低いままのため、虫歯になる危険性が高まります。

酸性で糖度が高めのリキュール類

蒸留酒などアルコール度数の高いお酒に、花、果実、虫、ヘビなどを漬け込んだお酒をリキュールといいます。

リキュールで用いるものは花や果実、あるいは薬草が主ですが、コーヒー豆のような種子、あるいは卵、クリーム、ヨーグルトなどを使ったものもあります。花にはニオイスミレやハイビスカス、果実には梅、レモン、薬草にはニガヨモギなどいろいろなものが用いられています。

リキュールのpHは、用いる材料（果実など）と製法（糖分を加えるかどうか）などでさまざまに変化しますが、酸性のものが多く、梅酒の場合、pHは2・9～3・1とかなり強い酸性です。通常、梅酒には相当な糖質も含まれるため、pHの低さと合わせて、長時間梅酒を飲み続けていると、虫歯の危険性が特に高まるため注意が必要です。

クリスタルガラス製の容器にひそむ危険

洋酒を飲む場合にはグラスを用いることが多く、クリスタルガラス製のグラスを使用することがあります。クリスタルガラスは特別のガラスで、大量の鉛を含みます。重量の25〜35％は酸化鉛：PbOなのです。

鉛の危険性は先ほど見た通りです。たまに1、2杯のワインを飲む程度なら問題ないでしょうが、クリスタルガラス製の瓶やデキャンターにpHの低いワインや梅酒を長期間保存しておくと、鉛が溶け出す可能性がないともいえないでしょう。

最近は鉛を用いないクリスタルガラスも開発されているようですから、検討してみるのもよいかもしれません。鉛は和式の陶磁器の釉《うわぐすり》にも使われていることがあります。多くは飾り物用の陶磁器ですが、中には抹茶に使う楽焼《らくやき》などもあります。また、外国性のケバケバしい色合いの陶磁器にも使われていることがあるようです。めったに使わなければ問題はないでしょうが、「君子危うきに近寄らず」のたとえもあります。注意するに越したことはないでしょう。

コラム　pHの低下でミドリムシの形が変わる！

ユーグレナはミドリムシとしても知られる藻類で、動物と植物、両方の性質を有するとてもめずらしい生物です。主に湖などの淡水に住んでいます。ビタミンやミネラル、必須アミノ酸などが含まれ、食品や飲料としても用いられ、市販されています。食品以外にも化成品や燃料など、多様な物質を生産する能力があることがわかっています。

ユーグレナは、光がある条件では、光合成で糖を生産しますが、光がない条件では、蓄積した糖を分解してさまざまな物質を作り出します。特に、光も酸素もない発酵条件では、貝の旨み成分としても知られるコハク酸などの有機酸や、グルタミン酸などのアミノ酸を細胞外に放出することがわかっています。

ユーグレナは一般的にpH３・５の酸性条件で培養しますが、pH３・０の酸性からpH８・０までの中性域を含む間の条件で培養した研究が行われました。その結果、グルタミン酸やグルタミンの生産量は、酸性域で多く、中性域で少ない傾向があることがわかりました。

（図表 3-3）pHとユーグレナの形状変化

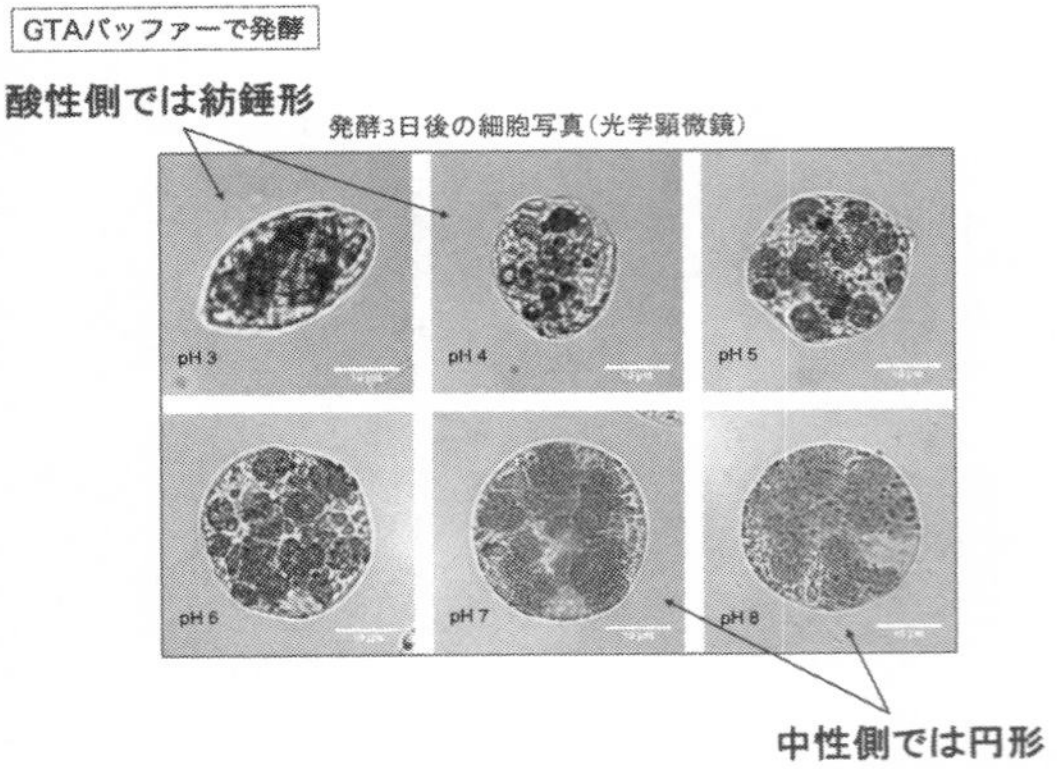

（明治大学農学部農芸化学科 准教授 小山内崇氏提供）

さらに、細胞密度を10倍にして発酵させたところ、グルタミン酸生産量は1・5倍程度しか増えませんでしたが、コハク酸の生産量は10倍近くの1・5g／Lに増加しました。

また発酵後の細胞は、酸性条件では細胞が紡錘形をしており、一方、中性条件では円形をしている傾向にありました。これらのことにより、グルタミン酸の産生や細胞の形にpHが重要な因子として影響することが明らかになりました（**図表3－3**）。

このようにユーグレナの発酵に関わるpHの影響および細胞密度の影響が明らかになることで、ユーグレナを用いた二酸化炭素からの物質生産の可能性が広がるのではないかと研究グループは指摘しています。

第4章

ヘアカラーでも重要な役割！
ファッションを楽しめるのも「pH」のおかげ

髪のpHとキューティクルの関係

昔の日本人は「緑の黒髪」といわれたものですが、時代は変わり、最近では老若男女を問わず、髪を染める人が多くなりました。

髪の色を変えることを染毛といい、髪の色を変える薬剤を一般にヘアカラーリング剤といいます。「医薬品、医療機器等の品質、有効性及び安全性の確保等に関する法律」(薬機法)に従えば、カラーリング剤は染毛剤(医薬部外品)と染毛料(化粧品)に分けられます。また、染毛剤から染料を除いたものをブリーチ(漂白)剤といいます。

染毛剤と染毛料を比べると、毛を染める力が強いのは染毛剤の方です。これは髪を染める前に、髪を漂白して脱色することから始めます。ブリーチ剤は髪のメラニン色素を分解するもので、主成分は過酸化水素：H_2O_2ですが、これは酸化剤であり、pHはほぼ中性域(6・0~7・0)です。強力に脱色するものには更に酸化助剤として酸性の過硫酸塩を含むものがあります。

染毛剤の多くはカップラーと呼ばれる調色剤とアルカリ性のパラフェニレンジアミンが

（図表 4-1）髪と pH の関係

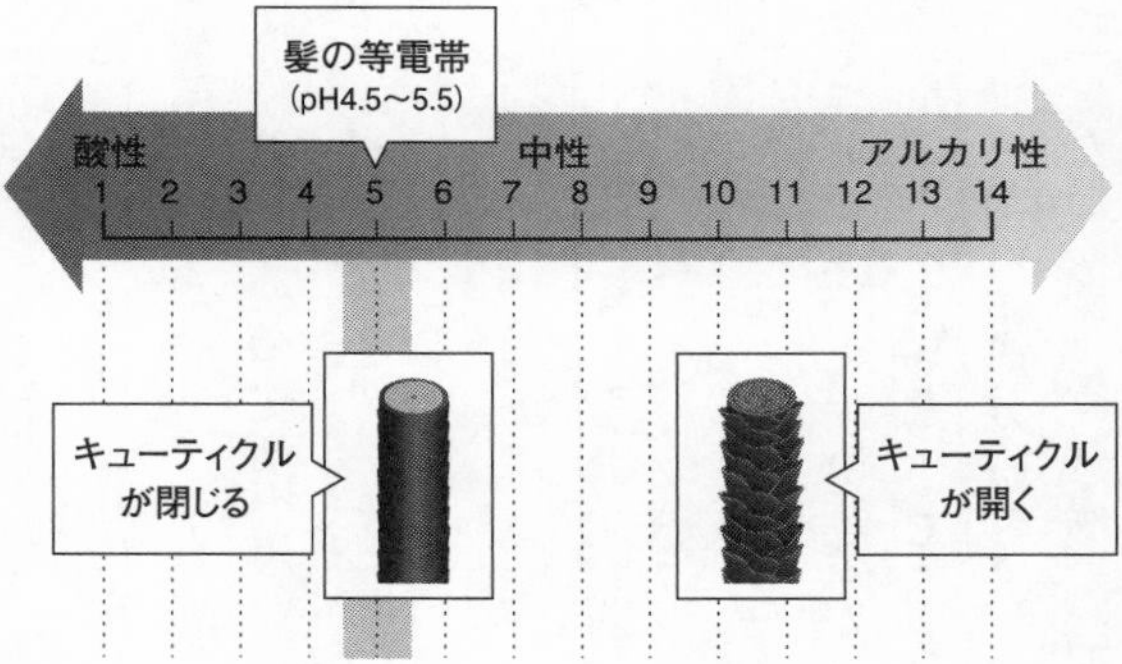

主成分です。染毛時に過酸化水素を混ぜるとカップラーとパラフェニレンジアミンが酸化されて発色します。したがって、結果的にブリーチと染色が同時に進行することになります。脱色した髪に染めるため、鮮やかに染まることになります。

図4－1は髪の構造とpHの関係を表したものです。髪は外側を魚のウロコのようなキューティクルという物質で包まれていますが、これがpHによって変化します。たとえば、pH7・0以下の酸性域ではキューティクルは閉じて髪にピッタリ沿って髪を守っていますが、7・0以上のアルカリ域になると、キューティクルは開いてしまいます。

キューティクルが開くと、染毛剤は髪の中心部分に達することができ、髪を芯から染めることができます。これが染毛剤の原理です。

それに対して、染毛料は酸性であり、この状態では薬剤はキューティクルに妨害されて髪の芯に届くことはできません。従って染毛料に髪を染める力はなく、キューティクルの外側に色素を塗るような感じになります。このため、染毛料は毛髪を一時的に染めるもので、一般にヘアマニキュアともいわれます。

酸性の染毛料は、酸化剤を用いたアルカリ性の染毛剤に比べて作用が穏やかなため、アレルギーになることは少ないですが、その分、染毛力は弱く、シャンプーなどで色落ちすることがあります。

カラーリング剤はアルカリ性が強い

染毛剤に使われるパラフェニレンジアミン、パラアミノフェノールはアレルギーなどの症状を起こしやすいという性質があります。特にパラフェニレンジアミンは毒性が強く、推定致死量は大人で10gほどといわれています。

また、染毛剤は主成分のパラフェニレンジアミン自体がアルカリ性であるのに加えて、アンモニアなどのアルカリを含んでいるため、染毛剤全体としてのアルカリ性はかなり強く、髪に与えるダメージも大きいことが予想されます。

染毛剤全般による皮膚のアレルギー疾患は例が多く、またアルカリ性なので目に入ると角膜に炎症を起こす可能性も高く、その場合は視力が低下してしまうこともあります。使用する際には注意書きをよく読んで、十分に注意するか、信頼できる美容院で施術してもらうのがよいでしょう。

ヒトの肌は弱酸性で守られている

生まれたての赤ちゃんの肌は中性ですが、成長するにつれpH4・5～6・0の弱酸性になっていきます。これは肌を覆っている皮脂膜の影響で、弱酸性を保つことで外的刺激や有害な細菌から肌を守っているのです。したがって、この数値から離れたpHを持つ物質は肌にとって強い刺激になります。脂質肌であるほどpHは酸性に傾き、敏感肌や乾燥肌であるほどpHはアルカリ性に傾いています。

そのため、多くの化粧品は肌と同じ弱酸性に作られていますが、化粧品の使用目的や特性によってpHの値は少しずつ異なります。つまり、セッケンや洗顔料などには、汚れを落とすために弱アルカリ性に作られたものもあります。このような化粧品を使用すると、肌の表面は一時的に、アルカリ性になります。しかし、健康な肌にはpHを常に一定に保つ働きがあるので、使用後しばらくすると、肌の表面は自然に元のpHの値に戻ります。

しかし、元の弱酸性に戻るのに数時間かかる場合もあります。敏感肌や乾燥肌などの肌質の方は何倍もかかることがあるといわれています。

このように弱アルカリ性に傾いている間、肌は外的刺激や菌に弱い状態です。なるべく、肌がアルカリ性の状態となる時間を少なくすることが大切です。

そのようなときに使われるのがpH調整剤です。pH調整剤は洗顔料や化粧水などのpHを弱酸性に調整するものです。この他にも、化粧品の酸度を保つことで、化粧品そのものの分離や劣化を防ぐ目的もあります。ただし、酸性が強いものは、たくさん使うと刺激が強く、肌のほてりが起きることがあるので注意が必要です。

乾燥肌の人は弱酸性の化粧品を選ぶのが無難です。肌がアルカリ性に傾いていると、有害な菌が繁殖しやすくなってしまいます。

こうした理由により、多くの化粧品のpHは、基本的に弱酸性に調整されているのです。

pHで色が変化する口紅も

それでは、口紅はどうでしょうか。これはそのものずばり、唇の条件によって色彩が微妙に変化するものがあります。その条件とは温度、湿り気、そしてpHです。そのため、自分だけのオリジナルカラーが表現できると話題になっているそうです。

たとえば、体温で口紅の色素を溶かすという製品があります。容器に入っている状態と、唇に塗ったときでは口紅に作用する温度が異なります。この温度の違いを利用して、無色透明のリップが鮮やかに色づくように作られているのです。

具体的には、口紅の色素を、色素とそれを発色させる顕色剤に分けておきます。それぞれをマイクロカプセルという微小な容器に入れて分離しておくのですが、このマイクロカプセルの材料を、人の体温に近い35～38℃で溶ける成分にしておきます。リップを唇に塗ってマイクロカプセルが温められて溶けると色素と顕色剤が一緒になって発色するという仕組みです。

唇の水分量で色が変わるものもあります。マイクロカプセルの材料を水溶性のもので作っておきます。すると、唇の水分量でカプセルの溶け方が変わり、水分が少ないと発色が控えめで、多くなるほど鮮やかになります。

pHによって色が変化する製品もあります。ヒトの唇はpH5・0〜6・0ほどの弱酸性ですが、体調や食事によって、pH7・0以上のアルカリ性に傾いたり、反対に酸性に傾いたりします。リトマス試験紙が赤く染まるように、酸性に傾くほどより強く発色する色素で作ったリップがあります。同じ口紅を使用していても、状況によって発色の鮮やかさが異なってくるのが特徴です。

これらの条件が変化するのは唇に限った話ではありません。目元も頬も同じです。すでに製品化されているものもあるようですが、そのうちpHで変色するアイシャドウやチーク、アイブロウペンシル、マスカラというものも出てくるかもしれません。

そうなってくると、うれしいとか恥ずかしい、悲しいというような気分で化粧が変化する可能性も考えられます。そのうち、感情を制御するのも化粧のうち、などということになるのかもしれません。

地球に降り注ぐ３つの紫外線

紫外線は太陽光の一部ですが、可視光より波長が短いです。光のエネルギーは波長に反比例するため、紫外線は高いエネルギーを持ち、有害です。それを防ぐのがＵＶ化粧品（日焼け止め）です。

紫外線は波長の長いもの（可視光線に近いもの）から順にＡ、Ｂ、Ｃ、すなわちＵＶＡ、ＵＶＢ、ＵＶＣの３種に分けられます（図表４－２、95ページ）。この場合にはＣが最も波長が短いので、最高のエネルギーを持ち、最も危険ということになります。地球にはＵＶＡ、ＵＶＢ、ＵＶＣのすべてが降り注ぎますが、地球を取り巻くオゾン層が波長の短いＵＶＢとＵＶＣを吸収してくれるので、地表に届く紫外線は波長が長く、低エネルギーのＵＶＡが主になり、それに少量のＵＶＢが加わることになります。

ＵＶＢは高エネルギーで、長時間の日光浴で肌が真っ赤に焼けたり、水膨れができたりと、日焼け（サンバーン）の主な原因となります。このため、ＵＶＢは肌表面の細胞を傷つけたり、炎症を起こしたりするので、皮膚がんやシミの原因になります。

日焼け止めの使用時は汗のpHに注意

日焼け止めの効果は、ＰＡあるいはＳＰＦで表されます。ＰＡはＵＶＡに対する効果を表し、＋、＋＋、＋＋＋、＋＋＋＋の4種があります。＋が多いほど効果が大きくなります。

一方、ＳＰＦは日焼けが表れる時間を何倍に延長できるかを表す数値です。すなわち、日照10分で日焼けの表れる人がＳＰＦ10のクリームを塗ると、10倍の１００分経って初めて日焼けが表れるというわけです。最高はＳＰＦ50＋です。しかし、ＳＰＦが高いということはそれだけ強力な薬剤を用いているということであり、その分肌への負担が大きくなる可能性があります。

日焼け止めの紫外線カット成分は、主に紫外線を反射する酸化チタン：TiO_2と酸化亜鉛：ZnOですが、その他に紫外線を吸収するベンゾフェノン誘導体などの有機物が含まれています。これら有機物の中には皮膚刺激性などを有する場合があるので、使用してみて肌に合わないと思った場合は、別の製品を試してみるとよいでしょう。

（図表 4-2）光と波長の関係

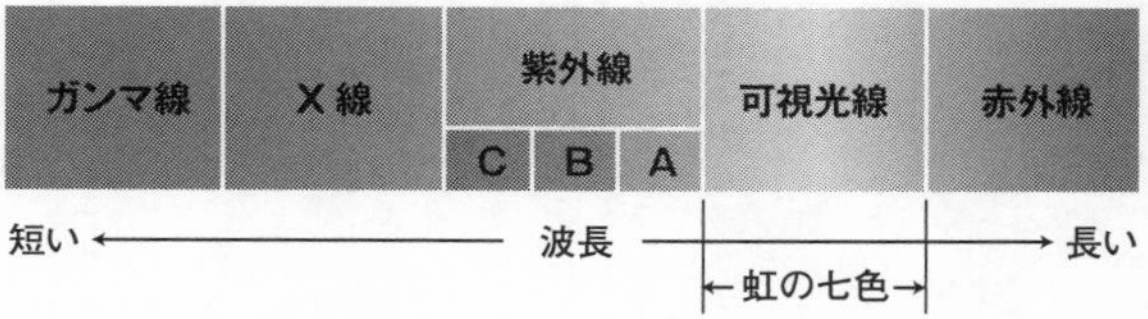

日焼け止めを使用する夏にはよく汗をかきます。通常、汗のpHは肌に優しい低pH、つまり弱酸性なのですが、大量の汗をかいたときには汗のpHが上昇し、アルカリ性に傾きます。

弱酸性であれば、肌トラブルの元となる雑菌を抑えられますが、アルカリ性になることでその機能が低下し、雑菌が繁殖しやすくなります。つまり、肌の清潔さが保てずニキビなどのトラブルが起こりやすくなってしまいます。

また、人によっては汗で流されないようにウォータープルーフの日焼け止めを使用する人も多いと思います。

ウォータープルーフということは水に強い、つまり通常の洗顔ではなかなか落ちないということです。洗顔が十分でなく、落ちなかった日焼け止めは毛穴をふさいでしまいます。この汚れが毛穴を広げ、汚れや雑菌も増えてニキビの元となってしまう危険性もあります。汗をかきやすい夏場などは、紫外線だけでなくこうした肌のトラブルにも気をつける必要があります。

pHで見る衣服の特性

衣服は繊維を織った布で作ります。繊維にはいろいろな種類がありますが、主に動物性、植物性、それと合成繊維に分けて考えることができます。各繊維の耐酸性、耐アルカリ性を見てみましょう。

動物性繊維はアルカリに弱い

動物性繊維には昆虫の蛹《さなぎ》から採った絹（シルク）と、動物の毛から採った羊毛（ウール）・獣毛の2種があります。

シルクは、昆虫（蛾）の幼虫が作った蛹の外側を覆う保護膜である繭《まゆ》から採った長い糸です。グリシン・アラニン・セリン・チロシンなどの人の肌成分に近い18種類のアミノ酸が数百～数千個も結合してできたタンパク質の繊維です。pHは3.0～6.0で肌と同じ弱酸性です。シルクは繊維の間に空気をたくさん含むことができるため、保温性、吸湿性に優れています。高い吸湿性のために肌との摩擦が起きにくく、静電気の発生を抑えてくれます。つまりシルクは人の肌に最も近い天然繊維ということができるでしょう。

一方、羊毛・獣毛は羊の毛だけでなく、カシミヤ山羊から採ったカシミヤやウサギの毛、アルパカの毛などいろいろな動物の毛を利用します。一般にアルカリに弱く、羊毛は2％の水酸化ナトリウム溶液で煮沸すると溶けてしまいます。しかし酸には強く、汚れた羊毛を硫酸に浸漬後、乾燥すると植物性の汚れや不純物は炭化してしまいますが、羊毛自身は変化しません。

羊の毛やカイコの繭を原料とする繊維の主成分はタンパク質です。吸湿性・吸水性・保温性が高い親水性の繊維です。

植物性繊維はアルカリに強い

綿、麻などさまざまな種類があり、各民族に固有の繊維などもあるので、種類に富んでいます。硫酸（70％、室温）には溶けますが、塩酸（20％、室温）や水酸化ナトリウム（5％、煮沸）には溶けません。

植物性繊維の主成分はセルロースで、吸湿性・吸水性が高い親水性繊維です。手入れがやさしく、洗濯も家庭の洗濯機で行えます。

アルカリにも強く、丈夫な合成繊維

合成繊維の種類も多岐に渡ります。主なものの耐薬品性は次の通りです。

ナイロン…濃塩酸、濃硫酸には溶解しますが、アルカリにはほとんど侵食されません。ジャージーやスキーウェアなどのスポーツウェア、ストッキングや靴下など幅広く使用されています。

ポリプロピレン…酸、アルカリに強いものの、一般溶剤には溶けます。カーペットやロープ、下着など幅広く使用されています。

ポリエステル…ナイロンに比べ耐酸性に優れています。発汗・速乾性が求められるスポーツウェアやカーテン、テーブルクロスなど幅広く使用されています。

塩化ビニル…酸、アルカリに強いものの、アンモニアで膨張します。火で燻《いぶ》ると塩化水素(塩酸の原料)HClを発生する可能性があります。他の有機物と一緒に低温で燃やすと公害物質のダイオキシンを発生するといわれます。加工され、バッグや財布などに使用されています。

アクリル…強い耐薬品性を持ちます。火で燻ると青酸ガス(シアン化水素)HCNを発生する可能性があります。セーターや肌着、靴下などに使用されています。

合成繊維は、水を吸わない疎水性繊維ですが、乾きやすく強度があります。熱で成型しやすいのも特徴です。合成繊維は丈夫なので、スポーツウェアや靴下によく使用されます。

（図表 4-3）染料の特性

	家庭で染色	色の鮮明さ	日光への強さ	洗濯での強さ	再現性	作業性
酸性	◎	◎	△	△	◯	◯
アルカリ性	△	◎	×	×	◯	◯

酸性とアルカリ性で変わる染料の用途

繊維はほとんどの場合、染色によって色を付けて用います。染料の原料には植物系、合成系などがあり、性質的には酸性染料、アルカリ性染料などがあります（図表４－３）。

「酸性染料」は、染色時に染液中に「酸」を加えて染めることからこう呼ばれています。酸性染料には鮮やかな発色をするものがたくさんあります。酸性染料は主にウール・絹・ナイロンなどを染める染料ですが、絹の染色はウール・ナイロンに比べ色の耐久性が弱くなります。染色の方法としては、最も簡単な染料です。

一方、アルカリ性染料は、分子中に窒素原子を含むアルキル性の置換基を持ちます。水溶液中で窒素原子部分にH^+が結合して陽イオン（カチオン）となるので「カチオン染料」とも呼ばれます。紙や竹、木材などの植物性繊維、絹や羊毛、皮革などの動物性繊維やアクリルなどの化学繊維によく染まります。水には溶けにくいため、水溶液を作る場合は溶解時にまずアルコールまたは酢酸で溶かし、その後に水で希釈します。

特性として、色が鮮明で着色力に優れますが、紫外線に弱い性質があります。また、アルカリや洗濯で色落ちしやすいので、繊維への染色にはあまり使われません。主な用途として、紙、皮革、木材の染色、印刷用インキの製造などがあります。

コラム pHの変化を利用した「紅花染め」

紅花は平安時代から江戸時代にかけて、衣服、口紅の染料として日本女性に愛された花です。紅花は紅《くれない》の花と書きますが、実は黄色の花です。それは花弁に含まれる色素の大部分は黄色の色素サフラワーイエローで、紅色色素のカルタミンはわずか1％ほどしか含まれていないからです。

サフラワーイエローは水溶性であり、カルタミンはアルカリ性水溶液に溶けるので、これを利用してカルタミンだけを取り出します。紅花染めは発酵と、連続したpH操作を用いる非常に洗練された染色法です。

工程① 紅(花)餅を作る：発酵

「紅餅《べにもち》」というのは、摘み取った紅花を臼でつく、または足で踏むなどしてよく潰し、一晩発酵させたものを一握りずつ丸め、平たく成形して日陰で乾燥させたものです。こうすることで赤みが増し、染料の保存性も増します。

工程② 染色：pH操作

紅餅を木綿袋などに入れてひたひたの水に浸け、一晩放置すると黄色色素が水に溶け出します。黄色い水は黄色の染料として用いるため、取り除いて保存します。

黄色色素を除いた紅餅を灰汁などのアルカリ性水溶液に浸して一晩放置し、紅色を抽出します。赤い液体を濾過し、液体に酢を加えてpHを7・0〜8・0にします。ここに布を入れて浸し染めをします。その後再び酢を加え、pHを6・5に調節し、浸し染めを続けます。最後に酢を水で20%に希釈した水溶液に10分ほど浸し、酸止めをしてよく水で洗い、日陰で乾かすと完成です。

純度の高い紅色の染色法

前記の方法で絹を染めると、黄色色素の混入した紅色、つまり朱色となります。より純度の高い紅色に染めるには、綿布（木綿布）にカルタミンを吸着させ、黄色色素を混入させずに精製する必要があります。

まず同様の方法で綿布を紅に染めます。紅に染まった綿布をアルカリ性水溶液に浸し、色素を再抽出します。純度の高い紅色色素は、表面が乾くと薄い構造色の膜が張り、玉虫色に輝きます。その溶液に酢を加え、pHを7・0〜8・0になるよう調節し、絹布を入れて浸し染めをします。その後再び酢を加え、pHを6・5に調節し浸し染めを続けます。

最後に酢の20%希釈水に10分ほど浸し、酸止めをして乾燥します。一度の染色では紅色は薄いですが、何度も工程を繰り返すことで濃い紅色にすることができます。

第5章

「混ぜるな危険！」に要注意！
汚れが落ちるのも「pH」のおかげ

「中和反応」を利用して汚れを落とす

家事は掃除と炊事との闘いです。これに育児が加わったら戦場さながらという状態になります。掃除のなかでも大変なのが汚れ落としです。

汚れには、それを落とすにふさわしい洗剤があります。汚れ落としという厄介な仕事をエレガントに済ますには、汚れにふさわしい洗剤を用いることです。簡単です。要するに、アルカリ性の汚れには酸性の洗剤、酸性の汚れにはアルカリ性の洗剤を用いて中和反応を引き起こす。ただそれだけです。問題は、自分が格闘している汚れが酸性なのか、アルカリ性なのか、それを見極めることです（図表5－1）。

たとえば、油汚れは酸性の汚れです。そのため、洗剤はアルカリ性のものを選びます。アルカリ性の洗剤は数多く市販されていますから、そこから選べばよいのですが、天然由来の成分のものを選ぶなら、重曹（炭酸水素ナトリウム）$NaHCO_3$が適切です。

市販品は粉末ですが、固い結晶を砕いたものですから、粉末の粒子が硬く、それがクレ

（図表5-1）洗剤の液性の違いと特性

洗剤のpH	洗剤の液性	長所	短所	汚れの種類	汚れの性質	汚れのpH
0 1 2 3	酸性	便器の尿石、石けんカスに対する効果が高い。	材質に与えるダメージが大きい。（特に天然石タイル、金属には影響大） 皮膚や目に与える刺激が強い。	尿石、こびりついた石けんカス、水アカ	アルカリ性	14 13 12 11
3 4 5 6	弱酸性	軽い石けんカス汚れに効果がある。	塩素系漂白剤と混合すると有毒ガスが発生して危険。	湯アカ、軽い石けんカス	弱アルカリ性	11 10 9 8
6 7 8	中性	比較的安全性が高い。材質への影響が少ない。	比較的洗浄力が弱い。	軽い汚れ ※付着後、長時間経過していない汚れ	中性	8 7 6
8 9 10 11	弱アルカリ性	洗浄力が高く、広範囲の汚れに適応。		普通の汚れ、皮脂汚れ、タバコのヤニ	弱酸性	6 5 4 3
11 12 13 14	アルカリ性	油汚れに対する効果が高い。	皮膚や目に与える刺激が強い。 材質に与えるダメージが大きい。	しつこい油汚れ、シミ	酸性	3 2 1 0

ンザーの役割を果たすのでレンジやフード周りの掃除に便利でおすすめです。

重曹で落ちない汚れは、アルカリ性の強いセスキ炭酸ナトリウム：$Na_3H(CO_3)_2$、それでも落ちなかったらさらに炭酸ナトリウム：Na_2CO_3と、よりアルカリ性の強い洗剤を順番に選んでいくとよいでしょう。

ただし炭酸ナトリウムはアルカリ性が強いですから、使用するときはゴム手袋を装着するのが望ましいです。また、目に入ると危険ですから、アルカリ性の水溶液や、それを浸した雑巾は目より高い位置では扱わないほうが賢明です。万が一、目に近いところで扱わなければならない場合にはゴーグルをしたほうがよいでしょう。もし目に入ったら、流水でよく洗い、すぐに医療機関を受診してください。

「混ぜるな危険！」では何が起こる？

便器の汚れには酸性の洗剤（トイレ洗剤）を使います。市販品にはたいてい塩酸：HClが使われており、酸性は相当強くなっています。パッケージには「混ぜるな危険！」と、大きく注意書きがされています。何と「混ぜるな」ということかというと、塩素系の漂白剤です。

家庭に置いてある漂白剤はたいてい塩素系ですから、「漂白剤」と「トイレ洗剤」を混ぜてはいけません。混ぜると猛毒気体の塩素ガス：Cl_2が発生します。塩素ガスは、毒ガスとして使用されるほど毒性が強く非常に危険です。

漂白剤と混ぜてはいけないのはトイレ洗剤だけでなく、「酸全般」です。酢酸、次に見るクエン酸などは同じように危険です。十分に注意してください。

金属の汚れを強力に取り除くクエン酸

ガラスやお風呂の鏡に付いた白いウロコ状の汚れ（カンセキ）を落とすのにはクエン酸がよいでしょう。カンセキの成分はカルシウム：Caなどの金属イオン：M^+ですが、これは酢酸：CH_3COOHから発生した陰イオン：CH_3COO^-と反応してCH_3COO−Mとなって水に溶けます。

ところが酸のなかにはこのイオンを2個持っているものがあり、それらは金属イオンをCH_3COO−M−$OOCCH_3$と2本のはさみで捕まえたような形になります。この様子がカニに似ているというので、このような分子をラテン語でカニを表す言葉（キーラ）から取り、「キレート」と呼びます。クエン酸はこの腕を3本も持っているので、金属を強力に取り去ることができるのです。

台所やお風呂の排水が家の周囲、あるいは庭を流れて外に出ている家庭は要注意です。風呂場で漂白剤を使って、排水を流したとしましょう。次に、台所のシンクに付いたウロコ状のカンセキを落とすためにクエン酸を用いて、その排水を流したとします。

2つの排水は家の周囲の排水溝で一緒になり、猛毒の塩素ガスが発生します。もし、子どもたちがその近くで遊んでいた場合、大事になってしまう危険があるため、気をつけてください。

重曹＋クエン酸の「泡」で油汚れがスッキリ

重曹水溶液で壁面に付いた油汚れを落とそうとする場合に困るのは、重曹水を壁面に留めておくのが難しいということです。

仕方がないのでキッチンペーパーなどに浸して壁面に貼り付けるというようなことをし

ますが、そのようなときに知っておくとよいのが、重曹の発泡性です。重曹にクエン酸のような酸を入れると激しく泡立ちます。この泡を壁に貼り付けるのです。

しかし、気をつけなければならないのは、一度始まった発泡は薬品がすべて反応してしまうまでは止まらないということです。このような発泡洗剤を作り置きしておこうとして、ビニール袋の中でこの反応を行ったら、袋はパンパンに膨らんで、やがてパーン！と破裂してしまうことでしょう。もしガラス瓶の中で同様のことを行い、栓でもしたらとんでもない事故につながります。

ボディソープは弱酸性とアルカリ性、どっちがいいの？

体の汚れを落とすボディソープもpHと深い関係があります。弱酸性とアルカリ性の２種類の製品が市販されていますが、いったい、どちらを選べばよいのでしょう？

両者の違いはズバリ、汚れの落ちやすさや洗浄力です。もちろん、それに伴って使用感も異なります。

アルカリ性のボディソープは、油とのなじみがよく、油汚れを落としやすいです。そのため、特に夏場の汗をかきやすい時期の使用に適しています。

ただし、アルカリ性のボディソープは、強くこすりすぎたり1日に何度も使用したりするのは避けたほうが良いでしょう。乾燥や肌荒れを引き起こす可能性があります。


弱酸性のボディソープは、洗浄力は低いものの、肌への刺激が少ないです。そのため、乾燥してバリア機能が低下した肌や、肌が乾燥しやすい秋冬にもおすすめです。

ただし、弱酸性のボディソープには、合成界面活性剤が含まれているものがあるので要注意です。これは、肌に残りやすく、負担をかける可能性があります。使用するボディソープに含まれていた場合は、しっかりと洗い流したほうがよいでしょう。

髪をセッケンで洗うとどうなるか

第4章でも述べましたが、髪はウロコのようなキューティクルに包まれています。中性から酸性域では、キューティクルは髪に沿って髪を包んでいますが、アルカリ性になると髪から反ってしまい、キューティクル同士がからまるようになって、髪は潤いがなくなり、ボサボサ、バサバサの状態になります（87ページ参照）。

よく、「髪はセッケンで洗ってはいけない」と言われるのは、セッケンはアルカリ性の洗剤だからです。しかし髪とはいえ、脂性の汚れを十分に落とすためにはセッケンの力が必要です。

現在市販されているシャンプーには洗剤の違いによって主に次の3種類があります。

アミノ酸系…ほぼ中性です。タンパク質の原料であるアミノ酸とセッケンの原料である脂肪酸が結合したようなアミノ酸系洗剤を用いています。アミノ酸系は毛髪や頭皮に対する刺激は小さいですが、洗浄力も弱くなります。皮脂の分泌の少ない人に適した製品といえます。

高級アルコール系…ほぼ中性です。炭素鎖の長いアルコール系の洗剤を用いたものです。他に比べるとやや洗浄力が高く、皮脂の分泌の多い男性や脂性肌の女性に向いています。

セッケン系…炭素鎖の長い脂肪酸のナトリウムまたはカリウム塩です。脱脂力が大きいため、強い脂性肌では次項で述べるような適切なアフターケアをすれば有効です。ただし、アルカリ性が強いため、アルカリ性に弱い毛髪への使用には注意が必要です。

キューティクルを閉じるリンスの作用

「リンス」は英語で「すすぐ」の意味です。昔のシャンプーはアルカリ性のセッケンだったため、洗髪後にアルカリ成分が付着し、キューティクルが開いてしまっていました。これを中和するため最後にクエン酸などを用いた酸性の水溶液で髪をすすぐ必要があったのです。その習慣から派生した日本特有の呼称です。

世界的にはヘアリンスまたは、ヘアコンディショナーと呼ばれます。洗髪後にリンス剤を使用して髪に馴染ませた後、洗い流すとリンスの中の酸性成分が髪の表面に付着してアルカリ性を中和し、キューティクルが閉じるようにします。

コンディショナーも、基本的にリンスと同じような働きをします。アルカリ性の洗剤によってpHが高くなった髪を酸性成分によって中和し、pHを下げて中性域に戻します。ただしリンスよりpH調整機能が高く、毛染めやパーマ後に使用するのに適しています。

しかし現実には、リンスをコンディショナーと呼ぶメーカーも多く、両者の間に厳密な区別はありませんが、セッケンシャンプー用のリンスに比べれば、コンディショナーのほうが毛髪保護という点に特化しています。

日本人が大好きな温泉のpHは?

日本は温泉の国です。日本には温泉地と言われる場所が3千箇所以上あり、そこに温泉施設が総計2万箇所以上あるとされており、日本全国いたるところに温泉があるといっても過言ではありません。

温泉は「温かい泉」とは書くものの、温泉法による温泉は温かい温泉だけではありません。冷たい温泉もあります。温泉は地下から湧きだす泉、つまり鉱泉の温度によって次のように分類されます。このうち、低温泉・温泉(狭義)・高温泉をまとめて温泉(広義)とすることがあります。

①**冷鉱泉**:25℃未満
②**低温泉**:25℃以上34℃未満

③温泉（狭義）：34℃以上42℃未満
④高温泉：42℃以上

温泉の泉質についてよく記載があるのは酸性泉かアルカリ性泉かの液性についてです。温泉は源泉のpHにより次のように分類されます。

①酸性：pH3・0未満
②弱酸性：pH3・0～6・0未満
③中性：pH6・0～7・5未満
④弱アルカリ性：pH7・5～8・5未満
⑤アルカリ性：pH8・5以上

肌美人になるヌルヌルの温泉は酸性？ アルカリ性？

一般に酸性の温泉には強力な殺菌効果があります。また肌の古い角質を溶かすピーリング効果によって肌が一皮むけてツルツルになるといいます。強酸性の温泉は長く入ると肌がヒリヒリと痛みやすいため、長湯をせず、出た後はシャワーで流すことが大切です。

一方、アルカリ性の温泉では皮膚の角質が溶けて、セッケンを触った後のように、肌がヌルヌルして、しっとりとすることから、肌美人になるといわれます。ただし、長く入りすぎると、肌の脂が抜ける可能性もあります。

強酸性の温泉としては秋田県玉川温泉（pH１・２）が有名であり、アルカリ性の強い温泉としては長野県白馬八方温泉（pH11・３）が有名です。

病気などにも効き目がある「療養泉」

温泉には乳白色や茶色の湯色、硫黄のにおいなどそれぞれ特徴があります。これらは、お湯に含まれる成分の種類や含有量といった「泉質」の違いによるものです。そして温泉の中でも特に療養に役立つ温泉は「療養泉」と呼ばれます。主な種類を挙げてみましょう。

酸性泉…液性が酸性の温泉です（pH３・０未満、温泉１kg中にH^+を１mg以上含む）。殺菌力が強く、入浴すると、より酸性が強い場合には皮膚にしみることがあり、口にすると酸味があります。環境省が定めている入浴により療養に役立つ適応症は、アトピー性皮膚炎、尋常性乾癬《じんじょうせいかんせん》、表皮化膿症、耐糖能異常（糖尿病）です。

単純温泉…日本で最も多い泉質で、温泉水1kg中に溶存する物質（ガス性のものを除く）の含有量が1000㎎未満で、湧出時の泉温が25℃以上のもの。刺激が少なく、肌にやさしい温泉です。pH8・5以上ある温泉は特にアルカリ性単純温泉と呼ばれ、美肌の湯として有名です。入浴により療養に役立つ適応症は、自律神経不安定症、不眠症、うつ状態です。

塩化物泉…含まれる陰イオンの主成分が塩化物イオンのものです。塩分が皮膚に付着することで保温効果や血行を促進する効果があります。pHは7・0近辺の中性域にあります。入浴により療養に役立つ適応症は、きりきず、末梢循環障害、冷え性、うつ状態、皮膚乾燥症、飲用による適応症は、萎縮性胃炎、便秘です。

二酸化炭素泉…泡の湯と呼ばれ、温泉水1kg中に二酸化炭素が1000mg以上含まれているものです。お湯に溶け込んだ炭酸ガスが皮膚から吸収されて血行を促進し、保温効果もあるとされています。炭酸ガスが溶けて炭酸になっていますからpHは7・0より低めの酸性域になります。入浴により療養に役立つ適応症は、きりきず、末梢循環障害、自律神経不安定症、飲用による適応症は、胃十二指腸潰瘍、逆流性食道炎、耐糖能異常（糖尿病）、高尿酸血症（痛風）です。

含鉄泉…温泉水1kg中に鉄（Ⅱ）イオン、鉄（Ⅲ）イオンを合計で20mg以上含みます。温泉中の鉄分が空気に触れて酸化することで茶褐色になります。他の要因がなければpHは中性、もしくはアルカリ性酸化物の酸化鉄の影響で多少7・0より高くなっている可能性もあります。飲用により療養に役立つ適応症は、鉄欠乏性貧血です。

硫黄泉…温泉水1kg中に2mg以上の総硫黄を含み、硫黄特有のにおいを放ちます。殺菌力が強く、表皮の細菌やアトピー性皮膚炎の原因となる物質を取り除きます。硫黄：Sは酸化されると、二酸化硫黄：SO_2になり、これが水と反応すると亜硫酸：H_2SO_3という強酸になります。硫黄の酸化物はSO_2以外にもたくさんあり、それらをまとめて「SOx」と書き、「ソックス」と呼びます。硫黄泉はソックスが含まれるため、pHは低くなります。入浴により療養に役立つ適応症は、アトピー性皮膚炎、尋常性乾癬、慢性湿疹、表皮化膿症、飲用による適応症は、耐糖能異常（糖尿病）、高コレステロール血症です。

放射能泉…湯に含まれる微量の放射性物質（温泉水1kg中にラドン30×10^{-10}Ci（キュリー）以上含む）で免疫力がアップし、炎症を抑える効果があります。pHは中性域の7・0近辺のようです。入浴により療養に役立つ適応症は、高尿酸血症（痛風）、関節リウマチ、強直性脊椎《せきつい》炎です。

複数の泉質を有する温泉の場合は、それぞれの適応症がすべて該当します。また、療養として飲用する場合は、医師に相談のうえで行い、飲用が許可されている温泉以外では行わないようにしてください。

温泉と入浴剤ではどう違う？

最近では、家庭の風呂に入浴剤を溶かして、湯の色や香り、あるいは有名温泉との類似などを楽しむ人も増えてきました。入浴剤には天然物から合成物質までたくさんの種類がありますが、「植物・漢方薬に由来」、「温泉成分に由来」、「無機塩類化合物に由来」する3つに大きく分けられます。

「植物・漢方薬に由来するもの」としては、日本で古くから慣習となっているものに端午の節句の菖蒲湯、冬至の際に柚子を入れる柚子湯などがあります。また「りんご湯」のように、温泉地の名物として、植物を風呂に入れる場合もあります。ホテルではバラの花を浮かせるなどのサービスを行っているところもあります。

明治時代以降では、天然の温泉成分を乾燥して粉末化した温泉成分に由来する入浴剤が商品化されるようになりました。その代表例が湯の花であり、風呂に投入すると硫黄：Sが溶けて白濁することで、遠方の人でも温泉の効能を味わうことができます。温泉地の土産としても一般的です。草津温泉の入浴剤は、投入後風呂が白濁することから一部の温泉地で商業用に用いられ、２００４年に発覚した温泉偽装問題のきっかけを作ったといわれます。

また、低線量の放射線効果を得ることを目的とした「ラジウム鉱石」を製品化したものもあります。湯に投入して用いますが、湯の花と異なり、繰り返して使用が可能なのも特徴です。

「無機塩類化合物に由来するもの」は、最も一般的な入浴剤で、温泉成分を構成する物質のうち、安全性が高く品質が安定しているものを基材に選んだものです。家庭向け入浴剤の主な成分は、中性の硫酸ナトリウム（芒硝《ぼうしょう》）や炭酸カルシウム、酸性の硫酸カルシウム、アルカリ性の炭酸ナトリウムや炭酸水素ナトリウム（重曹）、酸化チタンなどであり、pHは酸性域からアルカリ性域までいろいろです。実際の温泉と同じく、酸性では殺菌効果が強く肌がツルツルに、アルカリ性では皮膚の角質を溶かし、肌がしっとりしやすくなります。酸性の強い入浴剤では、あまり長湯をせずに入浴後はきれいに洗い流しましょう。アルカリ性の強い入浴剤でも皮脂を溶かすためあまり長湯をせず、入浴後に保湿をするなどのケアを行うとよいでしょう。

炭酸ナトリウムや炭酸水素ナトリウムを含む製品は、湯に溶かした際に二酸化炭素が発生して泡立ちます。その視覚的効果、泡の砕ける聴覚的効果もあり人気があります。

肌トラブルが続出するpHは？

第4章でも述べましたが、一般的にヒトの健康な肌はpH４・５～６・０の弱酸性です。ここでいう健康な肌とは、「皮膚常在菌」のバランスが整った肌のことです。「皮膚常在菌」は肌を健やかに保つために欠かせない菌で、肌の表面にある皮脂膜を作り出しています。この皮脂膜は弱酸性なので、肌がpH４・５～６・０の弱酸性域であれば、「皮膚常在菌」がバランスよく働いている健康な肌だといえます。

肌は、酸性の数値が強すぎると脂性肌に、アルカリ性の数値が強すぎると乾燥肌になりやすいため、弱酸性の状態を保つことが大切です。

特に肌トラブルを起こしやすいのが、アルカリ性に傾いた乾燥肌です。アルカリ性に傾くと、肌表面のバリア機能や肌内部の保湿機能が乱れ、雑菌も繁殖しやすくなります。

健康な肌は水分によって細胞と細胞の間が詰まっていますが、水分が抜けて乾燥してしまった肌は細胞の間に隙間ができます。この隙間に菌や花粉などの有害物質が直接入ってしまうことで、肌荒れが起きやすくなります。

ただし、健康な肌であれば、何らかの原因で肌がアルカリ性に傾いても、やがて弱酸性へと戻っていきます。なぜなら「皮膚常在菌」が弱酸性の皮脂膜を生成し直すからです。皮膚常在菌は、肌のバリア機能を担うグリセリンなどを作り出し、アルカリ性に傾いた肌を弱酸性へと戻していきます。

第1章で身の回りの物質のpHを示しました。繰り返しになりますが、身の回りには酸性のものはたくさんありますが、アルカリ性のものはあまりありません。ようやく見つかるのがセッケンと灰汁ですが、ここでいうセッケンは脂肪酸と水酸化ナトリウムで作った昔ながらの固形セッケンであり、灰汁に至っては見たことも聞いたこともないという子どもたちも多いのではないでしょうか。

肌を痛める可能性のあるアルカリ性の物質は少なくなり、せいぜいが油汚れを落とすアルカリ性洗剤くらいです。このような洗剤を使う場合には、ゴム手袋の使用とまではいかずとも、洗剤を使い終わったら手を真水でよく洗うなどしたほうがよいでしょう。

消臭には酸性かアルカリ性かの見極めが重要

トイレや靴箱などには特有のにおいがあります。これらのにおいを速く消し去るために使うのが消臭剤です。においを感じるのは、原因となるにおい分子が鼻の嗅細胞の分子膜に吸着することから起こるものと考えられています。におい分子には、酸性・アルカリ性があるため、酸性にはアルカリ性で中和、アルカリ性には酸性で中和して消臭します。

悪臭には大きく分けて3種類あります。

脂肪酸系…汗や体臭などによるイヤなにおいです。玄関や靴箱から発生することも多く、衣類に染み付いた皮脂のにおいや靴下のにおいも該当します。多くは酸性のにおい分子による悪臭です。

窒素化合物系…腐敗した尿のにおいや魚の生臭さなどです。窒素系の臭気成分はアンモニア（刺激臭）やトリメチルアミン（魚の腐乱臭）があり、トイレや台所などの排水口から発生することが多くあります。多くはアルカリ性のにおい分子による悪臭です。

硫黄化合物系…人間の大便や犬の糞などのにおいで、トイレに関連した場所で発生することが多いです。硫黄系の臭気成分には、硫化水素（卵の腐乱臭）やメチルメルカプタン（玉ねぎの腐乱臭）があります。多くは酸性のにおい分子による悪臭です。

悪臭を消す4つのアプローチ

消臭剤によるにおいを消すメカニズムは、大きく分けて4種類あります。

中和反応と酸化反応を用いる「化学的消臭法」

悪臭の元となるにおい分子を消臭剤の成分と化学反応させ、無臭の成分にしてしまう方法です。酸とアルカリの間の反応である中和反応を用いるものと、消臭剤にオゾンや過酸化物などの酸化剤を入れ、悪臭成分を無臭の酸化物に変える酸化反応を用いるものがあります。中和反応を用いる場合は、酸性のにおいにはサリチル酸系の湿布臭などに用いるアルカリ性の消臭剤を、アルカリ性のにおいには魚が腐ったようなアミン臭または尿臭などに用いる酸性の消臭剤を使用するとよいでしょう。

このように、中和反応では特定のにおいをターゲットとすることができるため、消臭効果に選択性を持たせることが可能です。スプレータイプや置き型、吊り下げ型などさまざまなものが市販されています。

におい分子を吸着する「物理的消臭法」

悪臭の元となる成分を吸収したり、包み込んだりして隔離する消臭法です。冷蔵庫のにおいを活性炭によって脱臭する原理と同様です。多孔質で表面積の大きい炭素物質がその表面でにおい分子を吸着します。選択性の高い消臭を行うことは難しく、悪臭も芳香も同じように吸着してしまいます。また消臭容量も比較的小さく、悪臭原因物質の再放出も起きやすいという欠点もあります。一般に、脱臭剤として市販されています。

なお、コーヒーを抽出した後のコーヒーかすは消臭効果が高いことが知られています。コーヒーかすも活性炭と同様に多孔質で、におい分子を吸着してくれます。さらに、コーヒーかすは酸性のため、尿臭の原因となるアンモニアを中和し、消臭する効果もあります。

コーヒーかすはそのままゴミとして捨てられていることも多いため、乾燥させて通気性のよい袋に詰めるなどし、消臭剤として再利用してみるのもおすすめです。

バクテリアの繁殖を抑える「生物的消臭法」

生ゴミやトイレなど、バクテリアの繁殖によって生じる悪臭を消す方法です。抗菌剤などを用いてバクテリアの繁殖を抑止する方法や、微生物を用いて分解してしまう方法などがあります。

強いにおいで悪臭を打ち消す「マスキング消臭法」

もう1つは消臭法とはいいがたいものですが、他のにおいで悪臭を打ち消す（マスキングする）消臭法です。トイレのにおいを「きんもくせい」の花のにおいでごまかすというような手法です。一般に、芳香剤として市販されています。

これらの中で、生物的消臭法以外の消臭剤は、ドラッグストアに行けば、選択に迷うほどたくさんの種類が並んでいます。ただし、マスキング剤は自分の嗅覚をごまかすだけで消臭にはなっていません。消臭剤とはいっても、化学薬品であることに違いはありません。「においが悪いから体に悪い、においがよいから体によい」とはいきません。もしかしたら、消臭剤を撒くことで、部屋の中に有害物質を増やしているだけかもしれません。現代の化学物質は一筋縄ではいかないのです。

工場の排水には厳密なpH調整が必要

水質汚濁は環境にとって常に大切なバロメーターです。そのためにも排水処理は避けて通れない問題です。

排水処理にはpH調整が大切です。その理由の１つは、排水時のpHを５・８〜８・６の中性域に調整しなければならないと定められているからです。しかし、工場などの生産現場で発生する排水の多くは、酸性またはアルカリ性に偏っています。pH調整をしなければ、公害を引き起こす危険性があり、工場外に排水することはできません。

排水にはpH以外にも六価クロムやフッ素など、排水に含まれる成分の排水基準が細かく定められています。それらの基準をクリアするためには、排水内の粒子を凝集させ、水か

（図表5-2）藻類の発生した池における
pHの変化

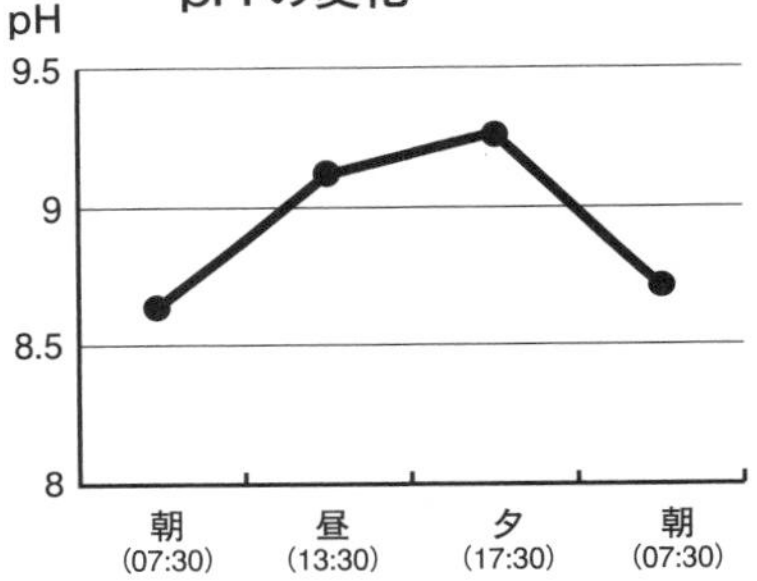

（沖縄県衛生環境研究所提供）

ら分離する凝集処理をしなければなりませんが、pHによって処理に要する凝集剤の量が大きく変わることがあり、排水処理のコストにも影響を及ぼします。

　基本的にはpH調整剤と呼ばれる薬品を水に投入して、凝集処理に最適なpHになるよう調整していきます。pH調整剤の代表例は以下のとおりです。

pHを下げたい場合…希《き》硫酸《りゅうさん》や希《き》塩酸《えんさん》など酸性の薬品

pHを上げたい場合…苛性《かせい》ソーダや消石灰《しょうせっかい》などアルカリ性の薬品

pH調整剤は安価な薬品が多いですが、劇物も多いので取り扱いには十分に注意が必要です。

　なお、天然の川の水（淡水）のpHは通常7・0前後、多くの場合、pH6・5〜8・5の範囲内です。川の水でpHが6・5以下の酸性を示すことは非常にまれです。天然水のpHが6・5

以下になるのは、植物の不完全な分解によって生ずる腐植酸による影響（湿原地）、鉱山の廃水や酸性の温泉水などの影響による場合があります。

反対に、川の水でpHが8・5以上のアルカリ性を示すことも非常に少ないです。流れの穏やかな川で水草や付着性藻類の多い場所、または堰《せき》などの止まり水で植物性プランクトンの活動が激しい場所では、昼間は光合成により水中の二酸化炭素が植物に取り込まれるので、pHは上昇し、夏の晴天時にはpHが9・0付近まで上昇する場合があります。

図表5－2は藻類が発生しているため池のpHの変化です。日の出直後の7時30分には低い値でしたが、13時30分と17時30分には高い値を示しました。これは、日射量が強くなるに伴い藻類の光合成活動が活発になり、水中に溶け込んでいる炭酸イオンが消費されたため、pHが上昇したものと考えられます。

コラム 「魔女裁判」にライ麦パンが関係していた⁉

中世のヨーロッパには「聖アントニウスの業火《ごうか》」と呼ばれる恐ろしい病気がありました。聖アントニウスは3世紀半ばに生まれたカトリックの聖人であり、世界初の修道院をエジプトに建てた人物です。ところがこの計画を悪魔が知り、あらゆる手を使って妨害しました。その1つが、「計画を止めなければ火で焼く」と言って、熱い鉄を体に当てるという罰でした。

「聖アントニウスの業火」にかかると、この悪魔の仕業のような熱さが体中に走り、その痕には見苦しい棘《とげ》のようなものが生えてくるのです。当時の治療法はただ1つ、エジプトに巡礼してアントニウスの建てた修道院に祈りを捧げてくることだけでした。

この病気の正体が明らかになったのは20世紀に入ってからのことでした。原因は麦、特にライ麦によく生える「麦角菌《ばっかくきん》」という細菌による食中毒だったのです。麦角菌というのは麦の穂に黒い爪のような形で寄生する菌です。この菌が作る「エルゴバリン」という麦角アルカロイドが原因だったのです。アルカロイドは、アルカリに似た化合物であり、時には薬として、時には毒として生体に何らかの機能を持つ物質です。エジプトに巡礼している間は食べる物が変化し、ライ麦パンを食べなくなるので、運のよい人は治ったのでしょう。

20世紀中ごろ、スイスの化学者A・ホフマンがエルゴバリンの合成を研究しました。しかし、その途中で白い粉末状の物質が生成しました。「いったい、何だろう?」と、ホフマンは家に帰って一晩考えましたが、わかりません。翌朝、研究室に来るとその粉を指先で舐めてみました。

その結果ホフマンは、彼自身はもちろん、世界中の誰もがかつて見たことのない光景を経験したのです。目の前を光る原色が飛び回り、世界が訳もなくゆがみ、動き回る。まさに「サイケデリック」な光景だったといいます。

そうです。この白い粉が後に「ＬＳＤ」として有名になった「覚醒剤」だったのです。そしてＬＳＤは分子中に窒素原子を持つアルカリ性物質であり、アルカロイドの一種だったのです。

ＬＳＤの発見はまた、中世の病気の謎を解き明かすものでした。麦角菌の分泌物合成の途中にＬＳＤができたということは、麦角菌とＬＳＤは近い関係にあるということです。中世にはいろいろな闇の世界がありました。聖アントニウスの業火もその１つですし、悪名高い「魔女裁判」もそうです。

魔女裁判は決して私的なリンチ（私刑）ではありません。カトリックの公式な裁判であり、正確な記録が残っています。それを見てみると、魔女裁判が多かった年は夏が暑くて湿っぽかったといい、これは麦角菌が繁殖しやすい条件となります。ということは、魔女といわれた女性は実は魔女などではなく、麦角菌に汚染されたパンを食べて、その覚醒作用で精神的な病気になった女性だった可能性も考えられます。

今となっては確かめようのないことですが、魔女裁判にかけられた女性は、実は法廷に連れ出されるべきではなくて、病院にて治療、看護されるべき人だったのかもしれません。

麦角菌中毒は日本でも起こっていたのではないかといわれています。第二次世界大戦の末期、日本中が食糧不足に悩んでいました。そのような時に福島県の会津磐梯山の山麓に笹の花が咲き、実がなったのです。笹に花が咲くなどというのは50年に1度のことといいます。これは神のプレゼントということで、村人は実を収穫し、粉に挽いて食べたといいます。ところがそれからその村では早産が相次いだといいます。

麦角アルカロイドには子宮収縮の作用があり、医療用にも使われていたといいます。その笹の実は麦角菌に汚染されていたのではないかともいわれています。

第6章

虫歯や結石、がん、コロナ……
病気になるのも「pH」のせい

「エナメル質臨界pH」が虫歯の分岐点

私たちの口の中は、通常中性に保たれていますが、食事をすると、口の中のpHが下がります。第3章でも触れましたが、pH5・5は「エナメル質臨界pH」と呼ばれています。エナメル質臨界pHとは、歯の表面を覆っているエナメル質が酸によって溶け出すpHの値のことを指しており、おおよそ5・5〜5・7とされています。

私たちが食事をすると、口内にいる虫歯菌が食べかすを代謝して酸を作ります。これにより、口の中が急激に酸性になり、エナメル質臨界pHよりも下がると歯のエナメル質からカルシウムやリンが溶け出し、虫歯の原因となるのです。これを「脱灰《だっかい》」といいます。

しかし、私たちは食事をしたからといってすぐには虫歯になりません。それは唾液の力によって、歯の表面が再石灰化（修復）されるからです。

つまり、唾液の浄化作用や中和作用によって酸性に傾いた歯の表面のpHが中性近くに戻ることで、唾液中のカルシウムイオンやリン酸イオンが溶けきれなくなり、歯の表面に沈澱して再石灰化が起こるのです。

虫歯になるのを防ぐためには、なるべく脱灰の時間を短くし、再石灰化の時間を長くしてやればいいのです。

甘いものを食べるから虫歯になりやすいというよりも、ダラダラと長い時間食べていると虫歯になりやすくなります。さらに、歯にプラーク（細菌の塊）がべっとり付いていると、そもそも唾液が歯の表面に触れることができずに再石灰化できません。そのため、虫歯予防のために歯みがきは大切です。

尿のpHは健康のバロメーター

第2章で詳しく解説しましたが、食品には酸性食品とアルカリ性食品があります。酸性食品である肉類を食べれば体内に酸性物質が溜まり、アルカリ性食品の野菜類を食べればアルカリ性物質が溜まります。

しかし、私たちの体内のpHは常に7・35～7・45の中性に近い値に保たれています。これは、体内に余分な酸性またはアルカリ性物質を排除するシステムが働いているためです。その役割を担っているのが、腎臓です。腎臓は常に血液の成分組成を注視しており、余分な酸性・アルカリ性物質があれば直ちにそれを抽出し、尿として体外に排泄しています。

そのため、雑食動物としての人間の尿はあるときには酸性、あるときにはアルカリ性と液性が動くことになります。通常、尿は黄色または黄褐色をしており、量は1日1・0〜1・5L程度ですが、水分やアルコール摂取量や発汗量などにも左右されます。尿量が増えれば、その分色は薄くなり、減れば色が濃くなります。また、動物性食品を多食すると、尿は酸性に傾き色が濃くなり、植物性食品を多食すると、アルカリ性に傾き色が薄くなります。その他、激しい運動後は体内に乳酸が蓄積し、尿は酸性に傾きます。

このように尿のpHが下がる、すなわち尿が酸性になった結果、起こる病気としてよく知られるのが痛風です。プリン体が分解されてできる尿酸が過剰に生成され（高尿酸血症）、関節周辺に結晶化することで、炎症が引き起こされ、強い痛みを生じます。治療には、血中の尿酸値を下げるための薬物療法、プリン体の多い食事や飲酒を控えるといった生活習慣の見直しなどを行います。

また、高尿酸血症の人は尿酸結石を合併しやすいことが知られていますが、その要因として、①尿量の低下、②尿酸排泄量の増加、③尿の酸性度上昇――などが挙げられます。

ただし、高尿酸血症に伴う尿路結石（腎臓から尿道までの尿路に生じる結石）は、尿酸の結晶化による尿酸結石だけでなく、シュウ酸カルシウム結石などのカルシウム含有結石も少なくありません。シュウ酸カルシウム結石は、尿路結石全体の約80％を占めるとされており、表面がギザギザになり、小さくても尿管に詰まりやすいというやっかいな性質があります。

高尿酸血症患者におけるシュウ酸カルシウム結石の形成には、尿pHの低下や、尿中への過剰な尿酸排泄により、尿中に溶解していた尿酸が一定の濃度を超えた結果として、シュウ酸カルシウムの溶解度を下げ、わずかばかり結晶化した尿酸を核として、周囲にカルシウムとシュウ酸が大量に凝集して大きな結石になるというメカニズムが考えられています。

これらのことから、尿路結石を伴う高尿酸血症の治療・再発予防においては、尿pHのチェックが重要となります。

一方、尿のpHが高くなったとき、つまり尿がアルカリ性になったときにできやすい結石、それがリン酸カルシウム結石です。この結石は、シュウ酸カルシウム結石と混合していることが多く見られます。pHが高くなる原因としては、膀胱炎などの「尿路感染症」が疑われます。尿中に細菌が繁殖し、尿素を分解することでアンモニアが産生され、アルカリ性に傾きます。

結石の治療法の1つとして、薬物療法があり、痛みを緩和したり、結石の成分によっては結石を溶かしたりします。特に尿酸結石の場合、アルカリ性の溶液中では溶けやすいため、尿をアルカリ性にする薬が用いられ、高尿酸血症を伴う場合には尿酸の生成を抑制する薬が用いられます。ただし、結石の大きさや成分によってはあまり効果が見られない場合があります。

なお、糖尿病や発熱、野菜不足などがある場合にも、尿pHの低下が見られます。

汗のpHが変化すると、「あせも」や「とびひ」に

汗は、人間のほぼ全身に分布するエクリン汗腺という、皮膚の上に開いた穴のようなものから分泌されます。その成分はおよそ99％が水で、その他にナトリウムなどのミネラル分や乳酸、タンパク質などが溶け込んでおり、pHは5・7～6・5程度に保たれています。

ところが、真夏などの暑い日にたくさん汗をかくと、汗のpHは上昇し、アルカリ性に傾きます。皮膚表面に吹き出た汗は、蒸発して水分が失われるため、pHはさらに高いアルカリ性を示し、肌にとっては強い刺激となってしまいます。これが夏によく見られる肌トラ

ブルである「あせも」や「とびひ」などの原因となります。

こむら返りもpHの乱れが要因に

ふくらはぎなどの筋肉は過剰に伸びたり、収縮したりすると、痙攣《けいれん》を起こしてしまいます。これが、こむら返りです。ちなみに、こむら返りの「こむら」は「ふくらはぎ」のことをいいます。その名の通り、ふくらはぎに多く起こりますが、実は、足の裏や指、太も も、胸など、体のどこにでも発生します。強い痛みを伴いますが、ほとんどの場合は数分間でおさまります。

筋肉の機能低下には、さまざまな原因が考えられます。最も大きな原因といえるのが、ミネラルバランスの乱れです。

カルシウムとカリウムは、筋肉の収縮や神経の伝達をスムーズにする働きがあります。この2つのミネラルを調整しているのが、マグネシウムです。3つとも大切なミネラルであり、そのバランスが重要です。特にマグネシウムの不足は腱紡錘《けんぼうすい》などの筋肉のpH調節を乱し、筋肉の機能低下が起こることでこむら返りの原因になります。

ミネラルバランスの乱れを予防してpH調節機能を正常に保つには、十分なミネラルの摂取が欠かせません。マグネシウムは、海藻類やナッツ類に多く含まれています。また、カルシウムは牛乳やチーズなどの乳製品、カリウムはイモ類や果物に豊富です。

これらの食品はミネラルだけでなく、他の栄養価もすぐれているので、意識的に摂取するとよいでしょう。

外耳道のpH上昇が炎症を招く

私たちの体は老廃物や排泄物を体外に廃棄しています。これらのpHはどれくらいなのでしょうか？

たとえば、耳垢《みみあか》はどうでしょうか。耳垢には、粉状の乾性耳垢《じこう》と粘土状の湿性耳垢があります。この乾湿の違いは、耳垢腺からの分泌物の量の差や、耳垢腺自体の数によるとされ、遺伝によって決定されるもので、人種によって差があります。北部の中国人や韓国人で湿性耳垢は4～7％、ミクロネシア人やメラネシア人では60～70％、白人では90％以上、黒人は99・5％に上るとされています。

日本人全体では約16％が湿性耳垢で、残りの約80％は乾性耳垢といわれています。ただし日本国内でも北海道と本州の間で割合に大きな差があり、北海道のアイヌ民族では約50％が湿性耳垢であるといわれています。

耳垢は弱酸性で殺菌効果があり、外耳道を酸性に保つことでばい菌から保護し、また湿度を保つことで耳の中を守る効果を持っています。その外耳道に水泳などによって水が繰り返し入ると酸性度が低下し、細菌が繁殖しやすい状況になります。悪化すると外耳道炎が生じます。軽度の場合、治療には２％の酢酸水溶液（食酢の半分程度の酢酸濃度）を用いてpHを下げ、外耳道の殺菌を行うなどします。

腸内の善玉菌は弱酸性が好き

腸は複雑で精巧な器官です。そもそも生物は腸が発達して脳が作られ、進化した経緯があり、腸はあるものの、脳を持たない生物がいるのはそのためといわれています。

腸は大きく小腸と大腸に分けることができます。小腸は胃から大腸に続く部分の長さ約６～７ｍの長い腸管であり、十二指腸、空腸（十二指腸から続く小腸の上部）、回腸（小腸の下部で大腸に続く部分）に分けられます。小腸は消化と吸収が行われる場所で、胃から送られた食物は約2〜4時間ほどで消化・吸収されます。

大腸は、消化管のうち小腸と肛門との間の太い腸の部分で、長さ1・5〜2・0mほどであり盲腸・結腸・直腸に分けられます。ここでは腸内細菌による発酵や水分の吸収などが行われます。

小腸から送られた食べ物の残りカスから水分を吸収し、約24時間かけて便の製造と排泄作業を行います。

人間の腸内には、1000種類以上、数にして100兆個以上の細菌が生きているといわれ、これらの細菌は腸内フローラと呼ばれる腸内細菌群を形成しています。

腸内フローラは生後約3歳までに決まるとされており、その後は指紋と同じで、生涯変わることはありません。世界中で自分と同じ腸内フローラを持っている人は1人もいません。この腸内細菌は、人間に役立つ善玉菌、役に立たない悪玉菌、状況次第で変わる日和《ひより》見《み》菌の3種類に分類することができ、その比はおよそ2：1：7とされています。

私たちの健康を維持し、病気を予防するためには、善玉菌が優勢になるように腸内バランスを整えておくことが重要です。

腸内の主な善玉菌は腸の中で糖を分解して乳酸と酢酸を2：3の割合で作り出します。乳酸と酢酸が生じるということは、腸内のpHが酸性に傾くことになります。腸内の善玉菌が最も発育しやすい環境は弱酸性なのです。

では、健康な大人の腸内pHはどのぐらいでしょうか？

人間の皮膚や髪の毛は、細菌やカビから守るためpH4・5〜6・0の弱酸性です。胃液が分泌される胃内のpHは通常1・0〜2・0程度の強酸性です。この強い酸で食物を溶かし、細菌を殺しているのです。

十二指腸を除き、小腸はpHが5・0〜6・5の弱酸性に保たれる必要がありますが、空腸や回腸ではpHが7・0以上になることが多いとされています。

大腸はpH5・0〜6・0の弱酸性に保たれています。健康な大人の便はpH5・5〜6・0で黄土色をしており、腸内のpHが低くなるほど便の色は黄色っぽくなります。反対にpH7・0（中性）を超えると茶色っぽくなっていき、pH8・0（弱アルカリ性）になると黒っぽくなります。また、食べたものによっても便の色は変化し、肉食が多ければ黒褐色に、植物性の食物が多ければ黄色に、葉緑素や鉄分を多く含むものを食べれば緑黒色になります。

pHに大きく影響しているのが腸内細菌の状態です。腸内で大腸菌やウェルシュ菌などの悪玉菌が作り出す成分は腸内をアルカリ性にするため、焦げ茶色～黒色の濃い色の便は悪玉菌が増えているサインになります。pH6・0以下の弱酸性域になるとこうした悪玉菌は増えにくくなります。

コロナにも強くなる腸からの感染対策

人間の体には外部から侵入した外敵（抗原）を退治するために免疫という防御システムが備わっています。免疫系は免疫細胞という白血球からできていますが、その7割は腸の周辺にいるといわれます。つまり免疫系の7割は腸で作用しているのです。それは、細菌や発がん性物質などの外敵が主に食物とともに消化器官から侵入してくることが多いことを考えれば合理的といえるでしょう。

また、主に目や鼻、口などの粘膜部から侵入する新型コロナウイルスや風邪の原因となるウイルスなどに対しても、免疫系が機能し、撲滅できるかどうかは腸内環境が健康な状態に保たれているかが重要だといわれるのです。

新型コロナウイルスや風邪のウイルス、がんの原因になる抗原などを免疫系によって排除するには、腸内をpH6・0以下の弱酸性に保ち、免役システムを完全な状態に保つことがポイントです。

腸内環境を弱酸性に保つには

腸内を弱酸性に維持するために酸性食品を食べても、実は効果はありません。それよりも、大腸に共生する常在の善玉菌に有機酸を作ってもらうことが大切です。つまり常在の善玉菌にエサを与え、その菌が分泌する「腸内代謝物」として有機酸を排出してもらうのです。

そのためには有機酸を作る善玉菌を増やす必要があります。このような菌としては○○酸菌という名前の菌、つまり乳酸菌、酪酸菌、酢酸菌などがあります。それぞれ乳酸、酪酸、酢酸を生産して腸内に排出する菌です。

乳酸菌は発酵によって糖から乳酸を作る嫌気性の微生物のことをいいます。よく耳にするビフィズス菌も乳酸を作る菌の一種です。酪酸を産生する酪酸菌は健康にいいので長寿菌と呼ばれることもあります。酢酸菌は酢酸を産生します。酢酸は食酢に含まれる酸ですが、ビフィズス菌なども腸内で酢酸を作ります。

こうした有用な常在の善玉菌を育て、腸内環境を改善する食品は「シンバイオティクス食品」と呼ばれ、「生きた善玉菌を含む食品」（プロバイオティクス）と「腸内の善玉菌を育てる食品」（プレバイオティクス）の2種類に大きく分かれます。

プロバイオティクスには、乳酸菌やビフィズス菌を含むヨーグルト類、あるいは麹菌や酵母菌で発酵した発酵食品があります。具体的には納豆やぬか漬け、キムチなどの漬物、甘酒、味噌や塩麹などの発酵調味料、あるいは酒かすなどです。

プレバイオティクスには、食物繊維やオリゴ糖などがあります。これらは、ヒトの消化酵素では消化ができないので、そのままの状態で大腸まで届き、腸内の善玉菌を育てます。

食物繊維には「水溶性」と「不溶性」があります。水溶性食物繊維は腸内の善玉菌のエサになり、不溶性食物繊維は、エサにはならないものの彼らの生活環境を整える働きをします。水溶性食物繊維、不溶性食物繊維が多く含まれる主な食品を挙げておきます。

水溶性食物繊維…りんごやプルーンなどの果物、ワカメ・コンブなど海藻類、大根などの野菜

不溶性食物繊維…きのこ、こんにゃく、芋類、豆類、雑穀類、葉物野菜など

ゴボウやニンジンなど根菜類、アボカド、納豆などには両方が多く含まれます。

過呼吸は血液のpHが原因で起こる

先述したように、私たちの体は正常に機能するために、体液のpHを7・35～7・45という非常に狭い範囲に保っています。このような仕組みをホメオスタシス（生体恒常性）といいます。

こうした恒常性を超えて、体液が正常よりも酸性に傾いた状態をアシドーシス、アルカリ性に傾いた状態をアルカローシスといいます。pHが7・0以下のアシドーシスでは昏睡《こんすい》などが、7・7以上のアルカローシスでは痙攣《けいれん》などが見られます。

二酸化炭素の量はこのpHの異常に深く関係しています。つまり、肺などの呼吸器官が正常に機能せず、二酸化炭素：CO_2が体内に溜まると、呼吸性アシドーシスと呼ばれる状態を引き起こします。

体内にある二酸化炭素は通常、血液の液体成分である血漿《けっしょう》に溶けた状態で存在します。

第1章でも触れましたが、二酸化炭素は水に溶けると下記の反応を起こします。

この反応の矢印は右向きと左向きがセットになっていますが、このような反応は一般に可逆反応といって、状況次第で右にも左にも進みます。つまり右へ進めばCO_2はなくなってH^+が発生し、左へ進めばH^+がなくなってCO_2が発生します。

すなわち、体内のCO_2が多くなれば反応は右に進行してH^+が多くなり、結果として、体液を酸性に、つまりpH値を低くします。

軽度のアシドーシスでは、体内のセンサーがpHの変化を探知し、脳の指令によって呼吸を速め、二酸化炭素の排出量を増やそうとします。しかし、重度のアシドーシスになるとそれも機能しなくなり、やがて体内のpHが低くなりすぎて患者は昏睡に陥ります。

反対に、ストレスなどで呼吸量が増えすぎると、反応が左に進み、二酸化炭素が発生します。発生した二酸化炭素はどんどん体外へ排出されます。こうなると、水素イオンを失った体液はpHが上昇し、アルカリ性に傾き、

【二酸化炭素と水の反応】

$$CO_2 + H_2O \rightleftarrows H_2CO_3 \rightleftarrows H^+ + HCO_3^-$$

（炭酸）　（炭酸水素イオン）

アルカローシスとなります。

アルカローシスを起こすと、呼吸をするのが苦しくなります。そのため、ますます呼吸を増やしてアルカローシスが増強します。こうした病態を過換気症候群（過呼吸）といいます。

このように、過換気症候群の発作は、体の中の二酸化炭素濃度が低下したことが原因です。そのため以前は、紙袋を口に当てて、二酸化炭素を多く含む呼気を吸い込むようにすれば治る（ペーパーバッグ法）とされていました。しかし、この方法では、逆に二酸化炭素濃度が高くなりすぎたり、酸素濃度が低くなりすぎたりする、といった理由で最近では行われなくなっています。

強酸をかけられても無事だったあの有名人

化学の実験においては、強酸の取り扱いには十分に気をつけなければなりません。ところが、強酸である塩酸を顔にかけられた有名人がいます。あの大歌手「美空ひばり」です。

１９５７年1月13日のことです。浅草国際劇場で、美空ひばりが客席にいたファンから塩酸を顔にかけられるという事件が起こりました。当初のニュースでは硫酸をかけられたと報じたものもあったようですが、正確には塩酸でした。しかし幸いなことに、顔に厚くドーランを塗っていたことと、脇にいたステージママで有名な母親が脇にあった消防用のバケツの水をかけたことで大事に至らず、全治3週間ほどで済んだとのことでした。その後も傷跡などもなく、亡くなるまで元気で舞台を務めたのはご存じのとおりです。

ところが、正真正銘の濃硫酸を浴びた男がいます。私です。浴びたといっても濃硫酸の霧ではありますが。

私がまだ助教授の頃、実験室で学生さんと一緒に実験をやっていました。その1つの操作に滴下ロートというガラス容器に濃硫酸を入れ、下の反応容器に一滴ずつ加える（滴下）という実験がありました。

その実験をやっていた学生さんが「先生、硫酸が落ちません」と言います。「どれどれ」と見てみると、滴下口に結晶ができてしまい、詰まっていました。慣れない学生さんには処置が無理なので私が代わって、滴下ロートのコックを少しゆるめました。

すると容器の中が高圧になっていたようで、コックの隙間から濃硫酸が霧になって私に吹き付けてきました。顔から胸にかけて濃硫酸だらけです。慌てずに流しへ行き、流水を浴びるようにしてかけました。時々手を舐めて、酸っぱさがなくなるまで洗い、それでおしまいです。眼鏡をかけていましたので、目には入らなかったようです。その日はランニングの上に白衣を羽織って過ごしました。

翌朝、家内に言われてYシャツを見ると、化学繊維の生地は濃硫酸の粒の当たったところが細かく縮み、まるで和服の生地の「縮み」のようになっていました。絹のネクタイは細かい穴が無数に空き、さながら「レースのネクタイ（？）」のようです。タイピンは熔接部分の金メッキが剝げ、そこから真鍮《しんちゅう》（銅と亜鉛の合金）の銅がさびて緑青《ろくしょう》（炭酸銅）の緑が覗き、眼鏡もねじの部分に緑青が見えていました。

実害はそれだけでした。体には何の傷も異常もありませんでした。人間の皮膚は意外と丈夫にできているようですが、決して強酸を安易に取り扱ってはいけません。

コラム　ラスプーチンはなぜ青酸カリで死ななかったのか？

20世紀初頭、ロシア革命前夜の頃、ロシア皇帝ロマノフ王朝にはひとひらの暗い雲が漂っていました。皇帝ニコライ2世の第5子にして第1皇子のアレクセイが、出血が止まりにくくなる血友病だったのです。少しの打ち身でも内出血して痛い痛いと泣く子を見て、子煩悩の皇后アレクサンドラは胸を痛めていました。

そのような時に登場したのがロシア正教の神父「怪僧ラスプーチン」でした。長身長髪で鷹のように鋭い目をしたラスプーチンはしかし、ニコライの子供たちには人気者でした。アレクセイもラスプーチンがいるときには泣くことなく、笑ってラスプーチンと遊んでいました。それを見て、皇后も心安らぐものを覚えていたようでした。

やがてラスプーチンはロマノフ家の奥深くに入り込み、皇后との仲まで噂されるようになりました。その頃から、ラスプーチンはニコライの行う政治にまで口を挟むようになったといいます。

しかし、貴族たちはそのようなラスプーチンを許しませんでした。ある日、貴族たちは相談してラスプーチンを食事に招待しました。そしてその食事にたっぷりと猛毒の青酸カリ（シアン化カリウム：KCN）を振りかけたのです。さしものラスプーチンもこれで終わりだ、貴族たちはそう思ってラスプーチンの倒れるのを待っていました。

ところがどうしたことでしょう。ラスプーチンには何事も起こらなかったのです。業を煮やした貴族たちはラスプーチンにウォッカをすすめ、泥酔したラスプーチンを縛り上げてピストルを乱射して殺してしまいました。それでも飽き足らず、冬で凍り付いたネヴァ川の氷に穴をあけ、そこに遺体を放り込んだといいます。

以上が、怪僧ラスプーチンの暗殺事件の概要ですが、問題はなぜラスプーチンは青酸カリで和えたような料理を食べても何ともなかったのか、です。

青酸カリは白色の粉末ですが、それだけでは毒になりません。青酸カリは酸と反応して青酸ガス（シアン化水素：HCN）の気体になります。これが血液に入ると血中の酸素運搬タンパク質であるヘモグロビンと不可逆的に結びつきます。そのため、ヘモグロビンは酸素と結合することができず、結果的に酸素を細胞に届けることができなくなるので生体は死を迎えるのです。

人間の胃液のpHは低く、pH1・0〜1・5という強酸性になっています。こんな状態の人間がKCNを飲んだら胃にある酸、塩酸：HClによってHCNになり、それが食道を逆流して気道に入って肺に達し、人間はひとたまりもないのは幾多のサスペンスで描かれているとおりです。

それでは、KCNを飲んだはずのラスプーチンが死ななかったのはなぜでしょう？ ラスプーチンの遺体もない現在となっては、すべては憶測ですが、可能性は2つあるといいます。

1つは、ラスプーチンが病気だったという可能性です。それは「無酸症」という胃酸ができない病気です。無酸症の発症率は日本人の場合には70〜80万人に1人といいますから、現在の日本全体に150人くらいはいることになりますが、ラスプーチンが無酸症だった可能性は捨てきれません。

もう1つは、KCNがKCNでなかったという可能性です。KCNは長期間空気中に放置すると、空気中の二酸化炭素：CO_2と反応して無毒の炭酸カリウム：K_2CO_3に変化してしまいます。貴族たちの用意したKCNがあまりに古いものだったら……。話としてはお粗末ですが、青酸カリは炭酸カリウムになってしまっていた可能性もあります。

さあ、真相はどちらだったのでしょうか？

ちなみにロマノフ家の皇帝夫妻と5人の子供たちは、1917年に起きたロシア革命で全員が殺されてしまったということになっています。そしてその遺体は、皇帝一家惨殺の事実が露見することを恐れた赤軍が、硫酸漬けにして溶かして骨だけにしてしまったという説があります。2018年にこの遺骨は鑑定に付され、その一部は本物と鑑定されたといいます。

第7章

「緑の革命」で加速した土壌酸性化

〝土がやせる〟のも「pH」のしわざ

野菜によって最適な土壌pHはさまざま

植物のほとんどは土（土壌）に植えられ、土の中の養分を吸い上げることで育ちます。

多くの植物が好む土壌のpHは中性もしくは弱酸性、つまりpH5・5〜7・0程度の土壌です。しかし、細かく見ると最適なpHは植物の種類によって異なり、ホウレンソウやブドウなどはpH7・0の中性を好みますが、ジャガイモはpH5・5という若干酸性気味の土壌を好むようです（図表7－1、158ページ）。

酸性が強い土壌は、野菜の根が傷む、根がリン酸を吸収しにくくなるなど、野菜にとってはよい条件ではありません。一方、アルカリ性に傾くと、マグネシウムや鉄などのミネラルの吸収が妨げられ、野菜の育ちが悪くなります。また、病気も出やすくなります。

畑に野菜を植える場合には、その野菜の最適なpHを調べ、畑の土壌のpHをその数値に調整する必要があります。植物には、その祖先が発生または育成した土地のpH、あるいは病害虫の発生しやすいpHなどによって、生育のための最適pHがあります。日本の土は酸性の場合が多いため、最適pHよりも低い場合は、消石灰（水酸化カルシウム）などを加えて中和するのがよいでしょう。

また、土壌に何も手を加えないでいると、酸性雨や化学肥料などの影響で酸性に傾いていきます。その場合にはアルカリ性の石灰質肥料〔苦土石灰（炭酸カルシウム：$CaCO_3$と酸化マグネシウム：MgOの混合物）など〕を散布し、酸度を調整します。特殊な条件下でごくまれにアルカリ性に傾くことがありますが、その場合は硫安《りゅうあん》（硫酸アンモニウム）や過リン酸石灰などの酸性資材を散布して調整します。

地域によりさまざまではありますが、先述したように日本の土壌は一般的に酸性寄りです。その理由は主に、次のような理由が挙げられます。

・化成肥料の使用が多い（化学肥料の多くが酸性肥料）
・酸性雨による影響
・雨が多いため、土中のアルカリ分（石灰分）が流される

また、植物そのものも土壌を酸性化します。植物は根から養分を吸収すると、代わりに根からH^+を出すからです。H^+が増えるということは、すなわちpHが下降し、酸性に傾く

6.0～6.5 （微酸性領域）			6.5～7.0 （微酸性～中性領域）
アズキ オオムギ クワ コムギ	ソルゴー ダイズ タバコ トウモロコシ	ハトムギ ホワイトクローバー ライムギ レンゲ	アルファルファ サトウキビ ビート
アスパラガス ウド カリフラワー サニーレタス シュンギク セロリ	タカナ ナバナ ニラ ネギ ハクサイ パセリ	ハナヤサイ ブロッコリー ミツバ ミョウガ モロヘイヤ レタス	エンドウ ホウレンソウ
インゲン エダマメ オクラ カボチャ カンピョウ キュウリ	ササゲ スイカ スイートコーン ソラマメ トウガラシ	トマト ナス ピーマン メロン ラッカセイ	
コンニャク サトイモ ヤマノイモ			
カーネーション キク グラジオラス サイネリア シクラメン	スイセン スターチス ストック ゼラニウム パンジー	フリージア ポインセチア マダガスカルジャスミン ユリ	ガーベラ カスミソウ スイートピー トルコギキョウ
バラ			ハイドランジア （レッド）
オウトウ キウイ モモ			ブドウ

出典：農林水産省「作物別最適 pH 領域一覧」を元に編集部作成

（図表 7-1）作物の最適土壌 pH

pH		5.0 ～ 5.5 （酸性領域）	5.5 ～ 6.0 （弱酸性領域）	5.5 ～ 6.5 （弱酸性～微酸性領域
穀物 工芸作物 牧草		チャ	イタリアンライグラス オーチャードグラス ソバ トールフェスク	イネ エンバク チモシー ヒエ レッドクローバー
野菜	葉菜			キャベツ コマツナ サラダナ チンゲンサイ フキ
	果菜			イチゴ
	根菜		サトイモ　ニンニク ジャガイモ　ラッキョウ ショウガ	コカブ　タマネギ ゴボウ　ニンジン ダイコン　レンコン
花卉《かき》		アナナス シダ 洋ラン ベゴニア リンドウ	セントポーリア プリムラ	アンスリウム コスモス マリーゴールド
花木 植木		アザレヤ　ツバキ サザンカ　ツツジ サツキ　ハイドランジ シャクナゲ　ア（ブルー）		
果樹			クリ パイナップル ブルーベリー	イチジク　ナシ ウメ　ミカン カキ　リンゴ

ということになります。

少し話は変わりますが、「馬は草で走る」というイギリスのことわざがあります。優秀なサラブレッドを育てるには良質の牧草が必要だという意味です。

イギリスのpH6・5〜7・0の土壌と比べると、日本の土壌はカルシウム、リン酸、マグネシウムの含有量がぐっと少なく、そのような酸性の土壌では馬の骨格を丈夫にするよい牧草が育ちにくいそうです。そこで、苦土石灰や炭酸カルシウムを与えるなど、土壌の酸性を弱める努力が続けられています。

歴史上のどの人物よりも多くの命を救った男

自然現象はすべてが連動しています。何か1つを人為的に操作しようとすれば、必ず他のところに影響が及びます。すべてがうまく運ぶような変化を望むのは人間のエゴなのかもしれません。

「緑の革命」は、1940年代から1960年代にかけて行われた農業運動です。そこでは「化学肥料の大量投入」、「農作物の品種改良」「大規模灌漑《かんがい》」など、農業全体にわたる積極的な改良が行われました。その結果、穀物の大量増産が可能となり、当時アジアで心配されていた食糧危機が回避されたのでした。

この運動の提唱者であるアメリカの農学者ノーマン・ボーローグは１９７０年に「歴史上のどの人物よりも多くの命を救った人物」という賞賛の言葉とともにノーベル平和賞を受賞しました。

「緑の革命」の光と影

第二次世界大戦末期のアジアでは農地の荒廃で穀物が採れなくなり、早晩アジアでは大規模な飢饉《ききん》が起こるのではないかと危惧《きぐ》されていました。

農学者ボーローグらは１９４４年に研究グループを立ち上げ、当時の農業を徹底的に研究しました。その結果、飢饉を回避するには農業に革命ともいうべき、次のような大改革が必要との結論に達しました。

化学肥料の大量投与

植物が育つためには養分が必要です。植物には三大栄養素があり、それは窒素：N、リン：P、カリ（カリウム）：Kの三元素です。窒素は植物の体を育て、リンは花や果実を育て、カリは根を育てます。これらの栄養素の元になるものが肥料です。その肥料として開発されたのが化学肥料です。

これは20世紀初頭に開発されたアンモニア合成法「ハーバー・ボッシュ法」によって可能になったものでした。水の電気分解で得た水素ガスと空気中の窒素ガスからアンモニア：NH_3を合成し、これを酸化すると硝酸：HNO_3になります。そして、アンモニアと硝酸を反応させると窒素肥料である硝酸アンモニウム（肥料名：硝安）となり、硝酸とカリウムを反応させると窒素・カリ肥料の硝酸カリウム：KNO_3となります。どちらも優れた肥料であり、小麦をはじめとする穀物をすくすくと生育することが可能になります。そのため、「ハーバー・ボッシュ法」は空気からパンを作った画期的な技術として有名です。

化学肥料の大量投与とは、このような化学肥料を農地に大量に投与して植物の生育を促す栽培法です。しかし硝安などは酸性であり、大量に使うと土壌が酸性となり、植物に悪い影響を与えます。それをカバーしようとしてさらに化学肥料を使うと、土壌がさらにやせるという悪循環に陥りかねないという弱点があります。

品種改良

それまでの品種は、一定以上の肥料を投入すると収量が逆に低下しました。在来品種は背が高いために倒れやすく、肥料の増加が収量の増加に結びつかなかったのです。

そこで品種改良を行って、背の低い短茎《たんけい》種を開発しました。これらの品種は、背は低くなりましたが穂の長さへの影響は少なく、収量は大差ありませんでした。これによって作物が倒れにくくなり、肥料の量に応じた収量の増加と気候条件に左右されにくい安定生産が実現しました。

灌漑設備・防虫技術

灌漑設備を整え、農地に十分な水が行き渡るようにしました。同時に農作業の機械化を促進、農作業全体の近代化を図りました。また、殺虫剤や殺菌剤などの農薬を積極的に投入し、病害虫から作物を守ると同時に、病害虫の防除技術を向上させました。

このような「緑の革命」によって1960年代中頃まで危惧されていたアジアの食糧危機が回避され、食糧の安定供給が確保されたのでした。

「緑の革命」批判に対する農学者の回答

しかし、何事にも明暗はあります。緑の革命にも輝かしい長所があれば、批判される短所もありました。

長所は、なんといっても穀物供給量が増大したことです。これにより、穀物の価格が低減し、貧困層の食糧事情だけでなく、経済事情も大幅に改善されました。また農業の効率化によって余剰となった農村労働者が都市に移動することによって国内の工業化が促進され、国内環境の近代化も図られたのでした。

一方、短所として挙げられるのが「土がやせる」ことです。

緑の革命は、化学肥料や農薬などの化学物質の大量投下によって行われたものでした。特に化学肥料の多くは硫酸や硝酸を用いているため酸性物質であり、その大量使用は土壌のpHを下げ、酸性化に導きました。

酸性化のために作物の育ちが悪くなった、いわゆる「やせた土地」で穀物を育てるためには、さらに大量の化学肥料を施さなければなりません。その結果、土地の酸性化がさらに進むという負のスパイラルに落ち込み、やがて、そのような化学肥料の大量投与に基づく農業の持続可能性までが問われるまでになりました。

このように酸性に傾いてしまった土地のpHを上げて中性に戻すのに便利な手段は、昔ながらの焼畑農業でした。植物を焼いてできたアルカリ性の灰が土地に混じり、その土地の酸性を中和してくれるのです。

緑の革命に対する環境汚染の面からのいくつかの批判についてボーローグは真剣に懸念し、真摯に答えています。そこでは自分の行ったことを「正しい方向である。しかし世界をユートピアにするものではない」と述べています。何事においても限界はあるのです。

同時に緑の革命に批判的な環境ロビイストに対しては痛烈に反論しています。

「西欧の環境ロビイストの中には耳を傾けるべき地道な努力家もいるが、多くはエリートで空腹の苦しみを味わったことがなく、ワシントンやブリュッセルにある居心地のよいオフィスからロビー活動を行っている。もし彼らがたった1カ月でも途上国の悲惨さの中で生活したら、彼らはトラクター、肥料、そして灌漑水路が必要だと叫ぶであろうし、故国の上流社会のエリートがこれらを否定しようとしていることに激怒するであろう」

こと自然を相手にした場合、何事にも負の側面は出てくるものです。しかし、人類に対するボーローグの貢献は多大なものであったことは疑いようがないといえるのではないでしょうか。

「焼畑農業」のメリットとデメリット

土壌のpHを上げるのに効果的な手法が、先に述べた焼畑農業です。これは、主として熱帯から温帯にかけての多雨地域で伝統的に行われている農業形態です。緑豊かな土地に火を放って燃やしてしまうことから、砂漠化の原因の1つとする説もあります。焼畑農業についても、長所と短所のせめぎ合いが見られます。

一般に焼畑農業では、それまで農作物を生産していた農地が2、3年の一定期間を経過したら、火を放ってすべてを燃やしてしまいます。そしてそのまま5、6年過ぎたらまたその農地で耕作を始めます。

特に熱帯の土壌は栄養となる塩類の流出が激しく、数年も使うと土壌がやせて酸性になってしまいます。そこで植物を燃やすことで生じた灰のアルカリによってpHを上げる、つまり酸性を中和する必要があります。また、焼土することで、土壌の窒素組成が変化し、土壌が改良されるともいいます。さらに加熱することによって雑草や、害虫、病原体が駆除されます。

実は焼畑農業に代わる手法もあります。農地を耕して2、3年経過したら、他の農地に移動して農耕し、5、6年後にまた元の農地に戻って耕作を始めるのです。つまり、この農法では農耕地を移動するだけで、畑を焼くことはありません。いわば、「焼かない焼畑」です。

英語圏では、「シフティング・カルティベーション（移動耕作）」と呼ばれ、火入れをすることは必ずしも必要とされません。短期間の耕作と長期間の休耕が循環する農業です。

長期間耕作すると雑草である多年生草本が繁茂しますが、焼畑による休耕期間にはそれが死滅するという長所があります。除草の手間を省くことができるため、雑草がはびこりやすい湿潤熱帯において焼畑農法が行われる最大の理由であるとする説もあります。

しかし、伝統的な焼畑農業を行ってきた地帯も、近年では商品作物の栽培のために特定の耕地に作物を連作する常畑に移行する例が増えてきました。現在行われている「焼畑」のかなりの部分は、実は「伝統的な焼畑」ではなく、「投資家によるプランテーション造成」「農業移民による常畑開墾」であると指摘する向きもあります。熱帯雨林地方という、作物などを育てるのが困難な地帯で行う無理な開墾はやがて砂漠化に繋がる恐れがありそうです。

なぜイネは酸性土壌に強いのか

水田は不思議な環境です。1年のうちほぼ半分の灌漑期間（イネが育つ期間）は水を湛《たた》えて池のような状態であり、残り半分は水を抜かれて畑の状態です。畑状態の土は空気に触れて酸化され、非金属元素は酸性酸化物に変化しますから土壌のpHは低下して酸性状態になる傾向になります。

反対に灌漑状態では土壌は水で蓋をされて酸素と触れることがないので、土壌は還元状態となり、酸性酸化物がなくなって土壌のpHは上昇し、アルカリ性に向かうことになります。これを毎年毎年繰り返すのが水田の土壌です。

イネの栽培に適切なpHは5・5〜6・5といわれています。他の作物と比較すると、比較的酸性の土壌に強い部類だといわれます。これはイネがもともと(日本よりさらに雨の多い)亜熱帯域からやってきた植物であることが関係するものと思われます。

イネが酸性土壌でも生育できる理由の1つに、酸性土壌下でのアルミニウムに対する抵抗性が挙げられます。イネのゲノムからは複数のアルミニウム抵抗性遺伝子が見つかっているとのことです。

水田では連作障害が起こらない

ある種の植物を同じ場所で数年間栽培(連作)すると収量が悪くなるだけでなく、場合によっては育たずに枯れてしまうこともあります。これを連作障害といいます。この原因は、前に作った野菜や使用した肥料により、土壌中の成分バランスが崩れたり、病害虫が発生したりするのが主な理由です。

イネの栽培に連作障害が出ないのは、田に水を張る灌漑期間があることも要因の1つと考えられます。つまり、毎年土壌の酸化と還元が繰り返され、それに伴ってpHが定期的に上下し、どちらかに偏ることがないからです。

また、水溶性の塩類や肥料成分も湛水《たんすい》により溶け出て、圃場《ほじょう》（水田）外に排出できるので、塩害の軽減にも効果があります。その他、多くの病原体や害虫は水中で長時間生存できないこともあります。

なお、カビ菌や酵母菌などが含まれる真菌は、植物や土壌生物にとって有用微生物にも病原菌にもなりうる厄介な細菌です。たとえば、葉に淡黄色をした斑点ができ、やがて枯れてしまう「べと病」は、カビ菌が原因で発病します。日当たりや風通しのいい場所で管理することで予防でき、土壌のpH値をコントロールすることでも滅菌が可能となります。

一般に酸性物質は細胞の表面（角質層）に作用し、アルカリ性物質は細胞内部へ浸透して影響を与えます。pH９・０～11・０未満では、細胞への浸透が起こらず古い角質層や遊離脂肪酸の剥離による雑菌の滅菌効果があるとされています。

自然界では主に酸性森林土壌の分解過程で重要な役割を担っている真菌は、アルカリ性には弱い性質があります。pH10・0以上で大半のカビ菌は死滅します。pH値を高くするアルカリ性物質は、石灰に代表されるカルシウム化合物であることが多いので、カルシウムの土壌補給は、植物の細胞質を強化し、病原菌への抵抗力を増す効果も期待できます。

身の回りのもので「電池」ができる

土には多数のミネラルが含まれますが、金、銀、白金（プラチナ）などの貴金属を除いた一般の金属（卑金属）はpHが低い酸に浸けると水素ガス：H_2を発生して溶けます。

この反応において金属は溶液中に電子を放出するのであり、この現象を利用したのが電池です。

「太陽電池」を除けば、懐中電灯の「乾電池」もスマホの「リチウムイオン電池」も原理は同じです。

酸は、トイレ洗剤のような塩酸を含んだ溶液でも、酢酸を含んだ食酢でも何でもかまいません。レモンにしろオレンジにしろその果汁はクエン酸という酸を含んだ溶液です。ですから、レモンに銅板や亜鉛板など異なった2種の金属の棒や板を突き刺し、その間におもちゃのモーターを繋いだ導線を渡せば、モーターは回転を始めます。モーターの軸に風車をつけておけば、パーソナル扇風機の完成です。

深夜の電車内で起きた爆発事故の真相

2012年10月20日深夜、東京・丸ノ内線の車内で突然爆発音が響き、液体が飛び散りました。乗客16人がけがをし、うち9人が病院に搬送されました。爆発したのは若い女性が所持していた紙袋でした。アルミニウム製のボトル缶が入っており、それが爆発して中の液体が飛び散ったという事件でした。

缶の中に入っていたのは、実は液体の洗剤でした。女性はアルバイト先で使った強アルカリ性の洗剤が汚れをよく落とすので、自分の家で使おうと、空になったアルミ缶の中に入れて持ち帰る途中だったのです。

しかし、アルミニウムはアルカリと反応して水素ガスを発生します。そのため、アルミ缶の中は水素ガスで高圧になり、耐え切れなくなって爆発したのでした。

今回の事故では幸い、けがは大したことはありませんでしたが、飛び散った液体は強アルカリ性です。目に入ったら大変なことになります。噴出したガスも爆発性の水素ガスです。ホームでタバコを吸っている人の前で爆発していたら、これも大変なことになっていたかもしれません。

今回はアルカリ性の洗剤だったから爆発しましたが、それでは酸性の洗剤だったら何事もなかったのでしょうか？　いえ、そうはいきません。先に見た通り、卑金属は酸と反応し、水素ガスを発生します。アルミニウムは両性金属という特殊な金属で酸、アルカリの両方と反応し、同じように水素を発生します。

アルミニウムは、普段はアルミサッシとして窓にはまっており、台所では鍋やお玉などさまざまな調理器具としても大活躍していますが、いざとなるとトンデモナイことをしでかします。化学物質にはすべてそのような両面性があります。人間と同じです。そのつもりで注意して付き合うことが大切です。

蚊を遠ざける水のpH

家の中や庭には歓迎すべからざる客人も現れます。蚊、ハチなどの害虫、あるいはネズミ、ヘビなどの害獣です。このようなときのために用意してあるのが忌避剤《きひざい》です。これらは侵入者を殺すのではありません。侵入者が忌避剤を嫌って近づかなくなるようにするものです。

日本で蚊といえば蚊取り線香ですが、蚊取り線香の有効成分はピレスロイドという化合物です。ピレスロイドにはいくつかの誘導体があり、一般的に水のpH次第でその安定性が変わりますが、pH＜8・0付近であれば加水分解も起こさず安定するようです。ですから蚊取り線香として気体状態で使う分には問題ないでしょう。

蚊は水中に産卵し、幼虫のボウフラは水中で生活します。生育に適した水質は蚊の種類により異なります。ヒトスジシマカは弱酸性の水を好みますが、アカイエカなどは弱アルカリからアルカリ性の水を好みます。またきれいな水や狭い水域を好むヤブカの類もいます。

したがって、自分の家に飛んで来る蚊の種類がわかったら、ボウフラのわきそうな水場のpHを、その蚊の嫌うpHにするという対策も効果があるかもしれません。

ハチはなぜ木酢液を嫌うのか

ハチはあまり害のないミツバチから、刺されたら命も失いかねないオオスズメバチまでいろいろな種類がいます。

しかし毒の強さである半数致死量〔LD_{50}値：mg／kg（数値が大きいほど弱毒）〕は意外にも、攻撃性の弱いセイヨウミツバチとヒメスズメバチが2・8と最も強く、キイロスズメバチが3・1、オオスズメバチが4・1で最も弱くなっています。ハチに刺されて発現する症状の程度は、単に毒の強さだけではなく、注入された毒の量や濃度にも大きく左右されると考えられます。

ハチをはじめとした害虫の忌避剤としては、木酢液《もくさくえき》が家庭菜園やガーデニングでも活用されます。木酢液は酸性物質で、原液はpH1・5～3・7と強い酸性です。木材を燃やしてできる副産物のため、焦げたような強い燻煙のにおいがあります。ハチをはじめ、虫や動物は本能的に火を恐れます。そのため、山火事を連想させるような木酢液のにおいに拒絶反応を起こすため、木酢液がまかれた付近には寄り付かなくなるものと考えられています。

布などに染み込ませたり、木酢液を入れた容器を木に吊るしたり、地面に埋めるなどして使用します。

また、酸性の木酢液には殺菌作用があるため、土壌の殺菌・消毒に適しています。原液は殺菌力が強力で、植物を枯らしてしまう可能性があるため希釈して使用する必要があります。作物の生育促進効果や堆肥作りなどにも活用されており、それぞれ適切な濃度に希釈して用いられます。

毒ヘビの毒性は強酸で弱まる

日本に生息する主な毒ヘビはハブ、マムシ、ヤマカガシです。一般に、この順で恐れられているようです。

ところがハチの場合と同様で、各ヘビ毒の半数致死量はヤマカガシ＜マムシ＜ハブの順になっています。つまり、ヤマカガシの毒が最も強く、ハブの毒が最も弱いのです。しかし噛まれた場合に注入される毒の量および各ヘビの持っている毒の量が、体の大きさに比例するなどするため、噛まれた場合の被害はハブ＞マムシ＞ヤマカガシの順になっています。

なお、ヘビ毒はタンパク毒であり、タンパク質の一般的特性をそなえています。つまり、毒性の効果はpHに依存し、マムシ毒の出血ならびに筋変性作用はpH6・1～6・7で最も強く現れ、強酸性になると前者は消失し、後者は低下します。また、致死作用は70℃×5分、100℃×1分の加熱でいずれも消失するといいます。ゆで卵と同様です。

コラム　無毒と思われていた「毒ヘビ」

ヤマカガシの毒牙は他の毒ヘビと異なって口の奥にあって小さいことから、ヤマカガシは長い間一般人には無毒のヘビと思われていたようです。それがヘビ好きの中学生がヤマカガシを捕まえて、リュックの中に押し込めようとした際に誤って指を口奥深くに入れたため、毒牙に噛まれて亡くなる事件が起きたのです。これを機に、ヤマカガシの毒性が一般に知られるようになりました。

ちなみにマムシに噛まれた場合には、毒が全身に回らないように、走らず、歩いて病院に行ったほうがよいとの俗説もありますが、医療現場においては走ってでも速く病院に行って血清を打ってもらったほうがよいといいます。しかし、比較症例があるわけではないので、最終的には自己責任ということになりそうです。

ヘビは嫌いな方が多いので、いろいろな忌避剤が市販されていますが、有効成分が明らかになっていないので、何が効いているのかは実のところよくわかっていません。木酢液を嫌うという説はあり、木酢液は酸ですが、酸として効いているのか、それとも木酢液独特の焦げた匂いが効いているのかは定かではありません。

第8章

地球温暖化やパンデミックも
地球環境がよくなるかどうかも「pH」しだい

産業革命がもたらした石炭の害

産業革命は18世紀半ばにイギリスで起こった運動であり、それまでの家内・軽工業的な産業形態を機械・重工業中心の近代工業に変換したものです。しかし、産業革命にはもう1つの大きな革命を伴っていました。それは「エネルギー革命」です。

人類発祥から産業革命までの長い間、人類が利用した火力エネルギーはもっぱら植物の燃焼、つまり薪炭や木炭を利用したものでした。ところが、産業革命はそこに革命を起こしたのです。産業革命の重要なところは、その影響が広範囲に広がったところです。

産業革命で機械を利用するようになると、機械を作るための鉄：Feが必要になりました。鉄は金：Auなどの貴金属と違い、山を掘れば出てくるとか、河の砂に混じっているというようなものではありません。

鉄を作るためには、山の岩に混じっている、酸化鉄：Fe_2O_3などの塊である鉄鉱石を還元剤で処理して酸素：Oを除かなければなりません。その還元剤として、人類はもっぱら木炭を利用してきました。ところが、イギリスはヨーロッパ大陸の諸国よりも森林が少なかったのです。イギリスの製鉄業者はエネルギー源であると同時に、酸化鉄の還元剤である木炭を求めて国内を転々と移動しました。

しかしさすがに燃料不足となり、木材価格が上昇し始めました。そこで注目されたのが石炭だったのです。ところが、イギリスにおける石炭の利用は深刻な公害を生みました。

強酸が霧となった「スモッグ」

石炭の主成分は炭素：Cと水素：Hですが、石炭にはそれだけでなく、窒素：Nや硫黄：Sも含まれます。窒素が燃えるといろいろな種類の窒素酸化物が発生します。これを、窒素：Nと適当な個数（X個）の酸素：Oが結合した物として「NO_x」と書き、「ノックス」と読みます。第5章でも触れましたが、硫黄も燃えると、窒素同様にいろいろな種類の硫黄酸化物「SO_x」（ソックス）になります。

窒素も硫黄も非金属元素であり、先に見たように酸素と反応すると酸性酸化物を生成します。つまりノックスは水に溶けると硝酸：HNO_3 に代表される強酸になります。ソックスも硫酸：H_2SO_4 や亜硫酸：H_2SO_3 のような強酸になります。

イギリスは湿気が多く、冬には濃い霧（fog）が立ち込めます。ここに石炭を焚いた煙（smoke）が混じるとノックスやソックスが霧の水分と反応して強酸となり、強い酸性の霧となります。これを煙（smoke）＋霧（fog）の造語として「スモッグ」（smog）と呼び、大気汚染の一種として知られています。

しかし、スモッグは産業革命時代だけの産物ではありませんでした。史上最悪といわれたスモッグは、産業革命から200年も経った1952年12月にロンドンで発生した「ロンドンスモッグ事件」でした。ロンドン特有の冬の気象条件により、高気圧の下で濃霧が立ち込め、ソックスを多く含んだ濃いスモッグが5日間にわたってロンドンに停滞し、その間だけで死者は4000人に達しました。さらに、この年の冬の期間全体では1万人以上に達したといいます。

雨は必ず酸性になる!?

近年、問題になっているのは酸性雨です。地球の大気には0・04％ほどの二酸化炭素：CO_2が含まれます。大気の間を落下してくる雨は、その間に二酸化炭素を吸収し、酸である炭酸：H_2CO_3に変わります。そのため、雨はいつ、どこに降ろうと常に酸性であり、そのpHはおよそ5・6程度です。

ところが最近の雨のpHはこれより低いことが多くなっています。日本ではpH5・6以下の雨を酸性雨といいます。その原因は石炭、石油などの化石燃料に含まれる硫黄や窒素によるものといわれます。自動車、船舶、航空機、どのような機械も、モーター以外は内燃機関を用いています。内燃機関の燃料は例外を除けば石油です。石油には硫黄、窒素が含まれており、それらは燃えればソックス、ノックスとなって酸性雨の原因になります。

ガソリンエンジン車の排出ガスを大幅に改善し、燃費向上と両立させる最も有効な技術として確立されたのは、「三元触媒システム」です。プラチナ、パラジウム、ロジウムを用いた触媒である三元触媒には、

①燃え残りの炭化水素を完全燃焼させる
②一酸化炭素を完全燃焼させる
③ノックスを窒素に還元する

という働きがあります。一方、過剰な酸素を排出するディーゼルエンジン車では、従来の三元触媒では十分に浄化できないため、専用の排出ガス浄化装置が用いられています。

砂漠化をもたらす酸性雨の恐ろしさ

その名の通り、酸性の雨である酸性雨は、屋外にある屋根や銅像などの金属製品を錆びさせますが、それだけではありません。コンクリートのひびを伝って中に浸透し、内部の鉄筋までも錆びさせます。錆びた鉄筋は体積を膨張しコンクリートのひびを広げ、さらにはコンクリートの崩壊にもつながります。

また、山間部に降った酸性雨は樹木を枯らします。裸になって貯水力を失った山に降る雨はすぐに洪水となって山を駆け下ります。その時には、山の表面にわずかに積もった肥沃な土壌をも流し去ります。こうなった山間部には二度と緑は戻ってきません。砂漠化が広がるだけです。湖沼が酸性化し、魚が姿を消してしまうということも起こりました。

酸性雨を予防するには、二酸化炭素やソックス、ノックスの排出量を抑えるのが根本的な対策です。

最も重要なのは、化石燃料の燃焼を抑えることです。火力発電の稼働割合を減らし、再生可能エネルギーなどのクリーンなエネルギー供給を拡大していく必要があります。また、内燃機関からの二酸化炭素やソックス、ノックスの排出量を減らす必要があり、先述した三元触媒をはじめとする排出ガス浄化装置の果たす役割は大きいと考えられます。しかし、三元触媒は原料に貴金属を用いるので高価です。現在、卑金属を用いる研究が行われているので、近い将来、安価で高性能な触媒が開発されることでしょう。

また、ソックスの削減には日本で好例があります。それは1970年代に問題になった公害「四日市ぜんそく」です。これは工場の排煙に混じるソックスによって起こったものでしたが、現在では解決されています。それは各工場が脱硫装置という、石油あるいは排煙から硫黄分を除く装置を導入したからでした。この装置で得た硫黄は硫酸などの原料として必要とする工場に売却し、その売却益で脱硫装置の購入、メンテナンスを行い、経済的にもうまく回る仕組みを確立したのです。

池のpHを下げるのは酸性雨だけじゃない

一般的な閉鎖系水域である池のpHはさまざまな要因によって変化しますが、多くの要因には二酸化炭素が関係しています。通常、水の中の二酸化炭素つまり炭酸濃度は、空気中の二酸化炭素濃度の影響を受けますが、それ以外にも原因があります。

雨が降ることでpHが下がることは広く知られていますが、これは先述したように酸性雨の影響です。またバクテリアの活動によってもpHは下がることがあります。これは水中でバクテリアが有機物の分解を行う際に二酸化炭素を発生することによります。また魚や藻など水中生物の呼吸によっても二酸化炭素が発生するので、池のpHは下がります。

第5章でも述べましたが、藻などの水中植物が繁茂している場合には、日光の当たる昼は光合成によって二酸化炭素が消費されるのでpHが上昇し、夜間は呼吸によって二酸化炭素が発生するのでpHが下がることになります。

もし仮に、金魚鉢で金魚を飼っていた場合、呼吸により二酸化炭素が発生し、金魚鉢のpHは下がることになります。ここに藻を入れてやれば日中は藻が光合成で二酸化炭素を消費してくれますが、夜になれば藻も呼吸して二酸化炭素を発生します。

さらに、エサの食べ残しや金魚のフンなどを放置すると、分解されてアンモニアが発生しますが、アンモニアはバクテリアによって分解されて亜硝酸になります。アンモニアは弱いアルカリ、亜硝酸は強い酸ですから、両方が合わさると水は酸性になり、pHが下がります。そのため、金魚は中毒症状により死亡してしまう可能性もあります。足し水だけではなく、２週間に１回程度は水換えを行う必要があります。

水道水はカルキ、次亜塩素酸：HClOで殺菌されています。したがって、それから出る塩素がバクテリアを殺してしまい水質悪化のスピードを速めます。そのため、カルキ抜きを行う必要があるのです。カルキ抜きにはハイポ（チオ硫酸ナトリウム：$Na_2S_2O_3 \cdot 5H_2O$）を用います。このとき水槽の中で起きる化学反応は、下の式のように表され、硫酸：H_2SO_4や塩酸：HClという酸や、塩化ナトリウム：NaCl（塩）が発生します。これらは金魚鉢のpHを下げることになるので、金魚にとって好ましいものではありません。しかし、中和される塩素の量は濃くてもせいぜい１ppm前後といった微量ですので、適正量のハイポを用いる限り、有毒物質として作用することはありません。

一方で、観賞魚の中には弱酸性の水を好む種類もあります。「アマゾン川流域」が原産の魚、具体的には「ネオンテトラ」などのテトラ系、エンゼルフィッシュ、プレコなどです。特にネオンテトラやカージナルテトラを弱酸性の水で飼育すると、発色が深みのある鮮やかな色になることが目

【カルキ抜きの化学反応式】

$$Na_2S_2O_3 \cdot 5H_2O + 4HClO \rightarrow 2NaCl + 2H_2SO_4 + 2HCl + 4H_2O$$

視でわかるほどだといいます。また、水草の多くも弱酸性を好むといいます。

ただし、どの程度のpHがよいかは魚や水草によりますから、pHの調整は慎重に行ったほうがよいでしょう。また中性の水に慣れた魚を酸性水に入れるとpHショック（水質の急変によって起こるショック症状）でダメージを受けますから注意が必要です。

雪の酸性度も高まっている

雨が酸性になったら、雪も酸性になるのは当然です。降雪もpHが5・6以下になると「酸性雪」といわれます。雪は雨とは異なり、積もれば長時間木や地面を覆うことになります。酸性雪に長時間埋もれていれば、木は枯れてしまいます。長い年月をかけて育ったブナの原生林やスギの巨木など北アルプスの貴重な自然にも、その影響が心配されています。

また、雨の場合には、含まれている水素イオン：H^+は地上に達すると土壌のアルカリ分と中和してしまうので、H^+として蓄積されることはありません。しかし降雪の場合には、根雪以降の降雪は地面と接して中和されることはありません。そのためH^+は積雪中に蓄積され、春の融雪期に融雪水とともに一気に流れ出します。これにより、融雪水のpHが急激に下がる「アシッドショック（酸性ショック）」の現象が起きるといわれています。

同じ量の H^+ が溶け出すにしても、春先の融雪が徐々に起こる場合には、自然界の緩衝作用によって大きな問題とはなりません。しかしアシッドショックのように一時期に大量の雪が融けて、大量の H^+ が一気に放出されると、中和が追いつかなくなるばかりでなく、生物も体が対応できなくなり、生態系に悪影響を及ぼすといわれています。

温暖化が引き起こす海洋酸性化で何が起こる？

地球温暖化が叫ばれて久しいです。地球大気中の二酸化炭素濃度が上昇したことにより、pHがさらに低下した酸性雨が降り、それが海水に流れるなどして海の酸性化をもたらしています。海水中のpHは一般的に弱アルカリ性を示し、海水表面部では約８・１とされています。深度が下がるにつれてpHは下がり、北西太平洋亜熱帯域では水深１０００m付近で約７・４と最も低くなります。

海洋酸性化は長期的な観測データから明らかになっており、海洋の循環や生物活動によって、海洋表面だけではなく海洋内部でも進行していることが報告されています。

また、最近では海洋酸性化がプランクトンやサンゴなど海洋生物の成長に影響を及ぼすことが指摘されており、水産業や観光業などにも影響が出ることが懸念されています。たとえば、植物プランクトンや貝類、ウニ、サンゴなどは炭酸カルシウムの骨格や殻を形成しており、海洋酸性化により、炭酸カルシウムが溶けてしまい、十分な殻や骨格の形成ができなくなるのです。

数値モデルを用いた研究によれば、人間活動で排出された大気中の二酸化炭素を海洋が吸収することにより、海洋表面の平均pHは、今世紀末には19世紀終盤に比べ0・16〜0・44低下すると予測されています。つまり海水のpHはさらに酸性に傾くのです。

海水のpHは下がり続けるか？

水と二酸化炭素は複雑な関係にあります。

まず、二酸化炭素は気体です。気体の水に対する溶解度は、「温度が上がると気体は溶けにくくなる」ということです。金魚鉢の金魚は夏になると水面に口を出してパクパクしています。これはのんきにあくびをしているのではなく、水中に溶けている酸素が少ないので、必死になって空気中の酸素を吸っているのです。

このことを踏まえると、地球温暖化に伴って海洋温度が上昇すれば、海水の二酸化炭素吸収量は減ることが予想され、そうなったら海水中の二酸化炭素量は減少し、今度はpHが「上昇」に転じる可能性もあります。

また、海水での二酸化炭素吸収量が減少すれば、その分大気中の二酸化炭素濃度は増加するため、温暖化が促進する可能性があります。

このように海洋酸性化の進行について、実態はまだ十分にわかっていません。今後、海洋酸性化の影響が懸念されるため、海洋の監視を継続し科学的な知見を集積していくことが必要です。

すべての生物の生命活動が地球のpHを作り出している

地球上には、多様な生物が存在しています。このうち、哺乳類は約６０００種、鳥類は約９０００種、昆虫は約95万種、植物は約27万種とされています。未知の生物も含めた地球上の総種数は大体５００万～３０００万種ともいわれています。

これだけの種類、個数の生物が、呼吸作用によって二酸化炭素を排出して生態系のpHを下げ、光合成によって二酸化炭素を消費してpHを上げています。その結果、地球という自然系のpHは現在のように恒常性を保っているのです。

一方で、生物の進化の過程で多様化した生物の種の中には、人間活動によって絶滅の危機に瀕《ひん》しているものがあり、既知の哺乳類、鳥類、両生類の種のおよそ10～30％に絶滅のおそれがあるとされています。

これらの生物は自分だけで生存しているわけではありません。微生物が地表や地中の成分を分解して栄養分とし、それを吸収して植物が育ち、それを食物として昆虫や草食動物が生育し、それを食物として雑食や肉食動物が繁殖するというように、動物たちは固有の生態系を構成し、その中で共に生存しています。

広島に原爆が落ちたとき、新聞は「今後半世紀、広島に新しい芽が芽吹くことはないだろう」と書きました。ところが、翌年には焦げた夾竹桃《きょうちくとう》から芽が出ていました。自然は強《きょう》靭《じん》です。人間が心配するのは、もしかしたら僭越《せんえつ》なのかもしれません。

現在の研究スタイルでは、消滅する生物の種類を数えることは可能ですが、新たに発生する生物の種類を数えることは原理的に不可能です。もしかしたら、消滅した種類以上の種類の新生物がどこかで新たに誕生し、自然界の生物の種類の総数は減っていない、ひょっとしたら、増えているのかもしれません。

気候変動によって生態系が脅かされている

地球温暖化は国境を越えた大きな課題です。生物多様性は、気候変動に対して脆弱《ぜいじゃく》であり、地球平均気温の上昇が1・5～2・5℃を超えた場合、氷が溶け出す時期が早まったり、高山帯が縮小されたり、海面温度が上昇したりすることによって、動植物種の約20～30％は絶滅リスクが高まるといわれており、特定地域の生態系が根こそぎ姿を消すようなことにもなりかねません。さらに、4℃以上の上昇に達した場合は、地球規模での重大な（40％以上の種の）絶滅につながると予測されています。

既存の生態系の中のある種の生物が抜け落ちると、同じ生態系にいた他の生物種はその生態系で暮らすには不都合が出てきます。このような場合にその生物種がとる生存方法は他の生態系に移動することです。

このような事例は最近よく報道されています。イノシシやクマが人家の近くに出没するのは、それまで彼らが餌としていた植物や果実が気候変動のせいで少なくなり、仕方なく人間の生態系に移動したものとみることができます。

こうしたことは人間の生態系が被害を受けたから明るみに出たものであり、人間の関係しない生態系の間ではもっと激しく行われている可能性があります。

また、先述したようにpHの低下による酸性雨も、森林を枯らし、湖沼を酸性化するため多くの生物の生態系を脅かします。生態系の攪乱《かくらん》は加速していると考えられます。

野生動物とヒトの接触が増えると何が起こるか

このようなことが起こると、それまである種の生物に固有の感染症と思われていたものの垣根が取り払われ、他の生物種にも感染するということが起きがちになります。

その最終形態が人獣共通感染症（ズーノーシス）と考えられます。人獣共通感染症は、「脊椎動物とヒトの間を自然な条件下で伝播する微生物による病気または感染症」と定義されています。ヒトも動物も重症になるもの、動物は無症状でヒトが重症になるもの、その逆でヒトは軽症でも動物は重症になるものなど、病原体によってさまざまなものがあります。

人獣共通感染症はすでに多くの病気が知られています。主なものだけでも、狂犬病・日本脳炎・高病原性鳥インフルエンザなどがありますが、その他にトキソプラズマ症・回虫症・疥癬《かいせん》などの寄生虫もあります。

そして、2020年3月11日にWHOがパンデミック宣言をした新型コロナウイルス感染症も人獣共通感染症の1つです。

コロナが出現したのもpHのせい?

2020年1月11日、中国で初めて新型コロナウイルス(以後、コロナとします)による死者が出ました。この時点での中国での感染者数は41人でしたが、1月31日には感染者数9692人、死者213人に急増しました。その後、コロナは中国を離れて全世界へと広がっていきました。

それから3年余りが経ち、マスク着用などの防疫観念の浸透、mRNAワクチンの普及などのおかげでコロナもようやく下火になり、日本では「新型インフルエンザ等感染症

（いわゆる2類相当）」の扱いから季節性インフルエンザ並みの「5類感染症」に変更されました。

コロナが世界的な大問題になった直後から議論されていたのは、この新型ウイルスがどこから発生したのか？　という問いでした。有力なのは、コウモリ起源のサルベコウイルス（コロナを含む）が武漢の市場で売買されていたハクビシンやセンザンコウ、タヌキなどの野生動物を介して、ヒトへ感染したという説です。

２００２年に中国の広東省で発生した重症急性呼吸器症候群（ＳＡＲＳ）の病原体であるＳＡＲＳコロナウイルスもコウモリ起源とされています。ハクビシンなどの野生動物を介してヒトへ感染したのではないかと考えられ、広東省深圳《しんせん》市の食品市場で売られているハクビシンなどの小動物からは類似のウイルスが検出されています。

また、12年に中東地域を中心に報告された中東呼吸器症候群（ＭＥＲＳ）の病原体であるＭＥＲＳコロナウイルスもコウモリ起源とされ、ヒトコブラクダを介してヒトへ感染したとされています。

こうした新興感染症の発生が続いていることから、地球環境と人獣共通感染症の脅威拡大との関連が指摘されています。温暖化による気候変動や酸性雨などの影響により、ウイルスの宿主の生息域が攪乱したり生息数が拡大したりして、人間との接触や感染経路が増えているからです。

世界の平均気温の上昇に伴い、アメリカではダニによる感染症である新規ライム病の患者数が、１９９０年代初頭からほぼ倍増し、いまや年間約3万人に達しているといいます。

鳥インフルエンザは通常、人間には感染しないとされていますが、感染例も見られます。鳥インフルエンザＡ（Ｈ５Ｎ１）のヒトへの感染例は、97年に香港で初めて報告されました。２０１０年にはエジプト・インドネシア・ベトナムなどで報告されています。また、13年には、中国において鳥インフルエンザＡ（Ｈ７Ｎ９）に感染した患者が発生したとＷＨＯが発表しました。このような例は今後、鳥インフルエンザだけでなく、いろいろな感染症で起こることになるのではないでしょうか。

これまで見てきたように、私たちの身の回りのありとあらゆるものに関連しているpHは、地球規模の環境変化にも深い関わりを持ち、感染症の分野にまで影響を及ぼし始めています。手遅れになることのないよう、早急な対策を検討したいものです。

コラム　コロナはアルカリに弱い！

ここで、少しウイルスとpHの関係を見てみましょう。

一般に、ウイルスは細胞構造を持たないので「細胞膜」を持ちません。細胞核もそれを包む「核膜」も持ちません。普通の生物なら、DNA、RNAなどの核酸は核の中にあり、細胞膜と核膜によって二重に保護されているのですが、ウイルスでは核酸はタンパク質でできた容器（カプシド）の中に入っているだけです。

一般にタンパク質はアルカリに弱いですから、pHの高い溶液は苦手です。そこで登場するのがアルカリ電解水です。pH12・0以上の高pH水が市販されており、エタノールより殺菌効果があるとの説もあります。

ウイルスには、最外部を細胞膜と同じ脂質を含む薄い膜で覆われている「エンベロープウイルス」と、膜がない「ノンエンベロープウイルス」の2つに大きく分けることができます。エンベロープタイプのウイルスには、コロナウイルスをはじめとして、インフルエンザウイルス、風疹《ふうしん》ウイルスなどがあります。一方、ノンエンベロープタイプのウイルスには、ノロウイルスやロタウイルスなどがあります。

ウイルスを不活化（感染力を失う）しやすいかどうかはエンベロープ（膜）の有無で異なり、エンベロープのあるほうが不活化しやすいといわれています。エンベロープタイプでは、エンベロープがエタノールや界面活性剤などの影響を受けやすく、エンベロープの膜が壊されていくからです。一方、ノンエンベロープタイプにはそのような壊れやすいエンベロープがないので、外からの影響を受けにくく、消毒剤などが一般的に効きにくい傾向にあります。

アルコールは、エンベロープウイルスを不活化することはできますが、ノンエンベロープウイルスを不活化するのは難しいです。一方、アルカリ電解水はエンベロープウイルス、ノンエンベロープウイルス両方に効果を発揮します。なお、コロナには塩素イオンも有効だといわれています。また、アルコールは水で濡れた場所での除菌効果は期待できないとされていますから、使用する際は注意をしてください。

高pHであるアルカリ電解水は目に入ると角膜を痛める可能性がありますから、そのようなことがないよう取り扱いには十分気を付けてください。また、飲用が可能なアルカリイオン水でのうがいをすすめる説もあるようですが、商品の使用説明書に準拠すべきでしょう。

人類が暮らしている世界は、案外狭い

以前に比べ、環境問題について語られることが多くなりました。一口に「環境」といってもそれがどのような空間を指しているかで、内容が大きく異なります。「地球環境」といった場合には、地球のうち、一般に人類が到達可能な範囲、つまり航空機の飛ぶ高度10㎞から、潜水艇の潜れる深度10㎞の海底、つまり、地球の表面の厚さ20㎞程度の範囲を指します。

とても広い範囲のようにも見えますが、実はそれほどでもありません。地球の直径は1万3千㎞です。試しにノートに鉛筆で直径13㎝の円を描いてみます。この円を地球に見立てたとき、地球環境とは円を取り巻く幅わずか0・2㎜の線になるのです。つまり、今書いた円の「鉛筆の線」ほどの部分でしかありません。

人類はこの幅の中で生き、活動しているのです。このわずか0・2㎜の部分が環境汚染により汚れたら他に逃げようがないのです。このように考えると、地球環境がいかにかけがえのないものかがよくわかります。

「水不足」が現実になる日

地球の全表面積は約５・１億㎢ですが、そのうち、陸地の占める割合は約30％に過ぎず、70％は海洋です。そのため、宇宙から地球を見ると全体が青く見え、「青い惑星」や「水の惑星」といわれます。

しかし、地球全体の重さに占める水の重さはなんと０・０２３％に過ぎません。誤差範囲のような重さでしかないのです。しかもその水の97・５％は海水の塩水であり、人間が飲み、普通に利用できる淡水は残りの２・５％しかありません。淡水、真水がいかに大切なものであるかがわかります。

地球上の水は太陽光に温められて蒸発して大気に混じり、全地球方面に散らばります。ある部分は上昇気流に乗って高空に達して雲となり、冷えて氷になって落下して融けて雨となり、水蒸気となって環境を満たします。

雨は落下の途中で大気中の二酸化炭素を吸収し、酸性雨となって私たちの頭上に降り注ぎます。pHが低下した酸性雨が陸地の砂漠化を促進するのは先に見たとおりです。

UNCCD（国連砂漠化対処条約）の報告によれば、毎年264万ヘクタール（岩手県と秋田県をあわせた面積）が砂漠化しているといいます。世界人口は2022年に80億人を突破しました。2100年には110億人まで増加を続けるとの試算もあります。

地球の砂漠化がこのまま進行すると、増大を続ける人口を養うだけの食物を生産する土地が足りなくなるかもしれません。「第二の緑の革命」に期待しなければならなくなるのかもしれませんが、地球がそのような大手術に耐える力を残しているかどうかが問題になりそうです。

地球に存在する水の総量は大きく変化しませんが、その存在する場所は変動します。アフリカでは川を失った動物たちが、水を求めて長距離の移動を強いられています。この大移動のことをグレートマイグレーションといいます。弱い個体は途中で倒れます。人間も同じです。氷河が融けたら下流の水域には真水が供給されなくなります。2015年に国連が採択した17のSDGs（持続可能な開発目標）の1項目として「安全な水とトイレを世界中に」とあるように、世界は水不足の危機に直面しています。そのうち、江戸時代の水争いのような争いが世界規模で起こるかもしれません。

大陸の国家では水源の確保に神経を使っています。中国がチベットを手放さないのは長江の源だからという話もあります。

「pH」という視点で世界をとらえ直してみる

人間にとっての水は、水量さえあればよいというものではなく、水質が大切です。汚染された水はいうまでもなく、塩水は真水にしなければならず、酸性雨などで酸性になった水は中和などによる改質、改良が必要です。

ヨーロッパの大河の水は茶色に濁っています。これは泥のせいではありません。落ち葉などが朽ちてできたフミン酸といわれる有機物のせいです。これは腐植酸ともいわれ、液化した石炭のようなもので、分子量、分子式はとらえどころがないほど大きく、複雑です。

性質は酸性ですから、これが溶けた水のpHは下がります。ただし、pH４・０〜５・０の酸性にすると、ある種の金属イオンによって凝集されるので、取り除くことができ、固体となったフミン酸は肥料として利用することができるそうです。

環境問題は嘆いているだけでは解決しません。本書でこれまで見てきたように、地球上のありとあらゆるものにpHが関わっています。土壌や海洋が酸性化するとともに、温暖化の促進や気候変動などが影響を及ぼし、未曽有《みぞう》のパンデミックが生じる事態にまで進展している今、世界で何が起きているかを冷静に把握し、適切な解決策を見出すためには、科学的な視点から物事を理解することが欠かせません。たとえば、pHという観点から世の中をとらえ直してみることも有用だと考えます。困難な壁に直面した時に打開策を見つけるには、そのような多角的なアプローチを試みることが効果的であることは、これまで人類が成し遂げてきた発展の歴史から知ることができます。

私たちが直面している酸性雨や温暖化など地球規模の環境問題に対しては、すべての人知、科学、化学の力を総動員して解決を図る必要があります。その糸口がどこにあるかは、まだだれも知りません。すべての人が、自分にできることをまずはやってみるしかありません。大気汚染しかり、食糧危機しかり。あれだけのパンデミックを引き起こし、猖獗《しょうけつ》を極めた新型コロナウイルスにおいても、mRNAワクチンという新型ワクチンの開発をはじめとした技術の進歩により、下火に向かいつつあるようです。きっと、人類はこれからも逆境に敢然と立ち向かい、それを打破しながら、繁栄を続けてゆくことでしょう。

〈参考文献〉

『絶対わかる物理化学』齋藤勝裕（講談社 2003）
『絶対わかる無機化学』齋藤勝裕・渡會仁（講談社 2003）
『絶対わかる化学の基礎知識─CONSEPT100』齋藤勝裕（講談社 2004）
『楽しくわかる化学』齋藤勝裕（東京化学同人 2004）
『物理化学』齋藤勝裕（東京化学同人 2005）
『無機化学』齋藤勝裕・長谷川美貴（東京化学同人 2005）
『環境化学』齋藤勝裕・山﨑鈴子（東京化学同人 2007）
『やりなおし高校化学』齋藤勝裕（筑摩書房 2016）
『料理の科学─加工・加熱・調味・保存のメカニズム』齋藤勝裕（SB クリエイティブ 2017）
『汚れの科学─汚れはどのように発生し、どのように消えるのか』齋藤勝裕（SB クリエイティブ 2018）
『意外と知らないお酒の科学』齋藤勝裕（C&R 研究所 2018）
『「発酵」のことが一冊でまるごとわかる』齋藤勝裕（ベレ出版 2019）
『「食品の科学」が一冊でまるごとわかる』齋藤勝裕（ベレ出版 2019）
『「環境の科学」が一冊でまるごとわかる』齋藤勝裕（ベレ出版 2020）
『メディカル化学─医歯薬系のための基礎化学（改訂版）』齋藤勝裕 他（裳華房 2021）
『「毒と薬」のことが一冊でまるごとわかる』齋藤勝裕（ベレ出版 2022）
『知られざる水の化学─水の惑星地球の誕生から飲み水まで』齋藤勝裕（技術評論社 2022）
『知られざる温泉の秘密』齋藤勝裕（C&R 研究所 2022）
『身のまわりの「危険物の科学」が一冊でまるごとわかる』齋藤勝裕（ベレ出版 2023）

青春新書 *INTELLIGENCE*

こころ涌き立つ「知」の冒険

いまを生きる

"青春新書"は昭和三一年に——若い日に常にあなたの心の友として、その糧となり実になる多様な知恵が、生きる指標として勇気と力になり、すぐに役立つ——をモットーに創刊された。

そして昭和三八年、新しい時代の気運の中で、新書"プレイブックス"にその役目のバトンを渡した。「人生を自由自在に活動《プレイ》する」のキャッチコピーのもと——すべてのうっ積を吹きとばし、自由闊達な活動力を培養し、勇気と自信を生み出す最も楽しいシリーズ——となった。

いまや、私たちはバブル経済崩壊後の混沌とした価値観のただ中にいる。その価値観は常に未曾有の変貌を見せ、社会は少子高齢化し、地球規模の環境問題等は解決の兆しを見せない。私たちはあらゆる不安と懐疑に対峙している。

本シリーズ"青春新書インテリジェンス"はまさに、この時代の欲求によってプレイブックスから分化・刊行された。それは即ち、「心の中に自らの青春の輝きを失わない旺盛な知力、活力への欲求」に他ならない。応えるべきキャッチコピーは「こころ涌き立つ"知"の冒険」である。

予測のつかない時代にあって、一人ひとりの足元を照らし出すシリーズでありたいと願う。青春出版社は本年創業五〇周年を迎えた。これはひとえに長年に亘る多くの読者の熱いご支持の賜物である。社員一同深く感謝し、より一層世の中に希望と勇気の明るい光を放つ書籍を出版すべく、鋭意志すものである。

平成一七年

刊行者　小澤源太郎

著者紹介
齋藤勝裕〈さいとう かつひろ〉
1945年5月3日生まれ。1974年、東北大学大学院理学研究科博士課程修了。名古屋工業大学名誉教授。理学博士。専門分野は有機化学、物理化学、光化学、超分子化学。主な著書として「絶対わかる化学シリーズ」(講談社)、「わかる化学シリーズ」(東京化学同人)、「わかる×わかった! 化学シリーズ」(オーム社)、『マンガでわかる有機化学』『毒の科学』『料理の科学』(SB クリエイティブ)、『「量子化学」のことが一冊でまるごとわかる』『「発酵」のことが一冊でまるごとわかる』『身のまわりの「危険物の科学」が一冊でまるごとわかる』(ベレ出版)など200冊以上。

虫歯《むしば》から地球温暖化《ちきゅうおんだんか》、
新型《しんがた》コロナ感染拡大《かんせんかくだい》まで
それ全部《ぜんぶ》「pH《ピーエイチ》」のせい

青春新書
INTELLIGENCE

2023年9月15日　第1刷

著者　齋《さい》藤《とう》勝《かつ》裕《ひろ》

発行者　小澤源太郎

責任編集　株式会社プライム涌光
電話　編集部　03(3203)2850

発行所　東京都新宿区若松町12番1号 〒162-0056　株式会社青春出版社
電話　営業部　03(3207)1916　振替番号　00190-7-98602

印刷・中央精版印刷　製本・ナショナル製本

ISBN978-4-413-04678-7